TRAITÉ ÉLÉMENTAIRE

DE

PHYSIOLOGIE

PHILOSOPHIQUE.

PARIS. — IMPRIMERIE DE BÉTHUNE,

RUE PALATINE, N° 5.

TRAITÉ ÉLÉMENTAIRE

DE

PHYSIOLOGIE

PHILOSOPHIQUE,

OU

ÉLÉMENS DE LA SCIENCE DE L'HOMME,

RAMENÉE A SES VÉRITABLES PRINCIPES.

PAR P. BLAUD,

MÉDECIN EN CHEF DE L'HÔPITAL CIVIL ET MILITAIRE DE BEAUCAIRE, MEMBRE CORRESPONDANT DE L'ACADÉMIE ROYALE DE MÉDECINE ET DE L'ATHÉNÉE DE MÉDECINE DE PARIS, DE LA SOCIÉTÉ ROYALE DE MÉDECINE DE MARSEILLE, DE LA SOCIÉTÉ DE MÉDECINE PRATIQUE DE MONTPELLIER, DE LA SOCIÉTÉ DE MÉDECINE DU GARD, DES ACADÉMIES DU GARD ET VAUCLUSE.

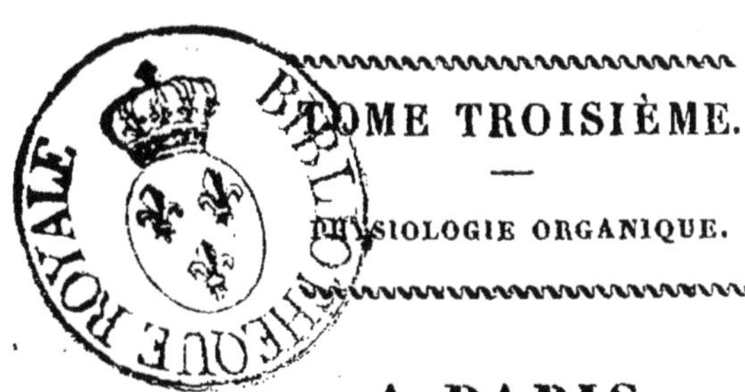

TOME TROISIÈME.

—

PHYSIOLOGIE ORGANIQUE.

A PARIS,

CHEZ J. B. BAILLIÈRE, LIBRAIRE,

RUE DE L'ÉCOLE-DE-MÉDECINE, N° 13 BIS.

ET CHEZ ÉDOUARD BRICON, RUE DU VIEUX-COLOMBIER, N° 19.

—

1830.

[illegible]

[illegible]

[illegible]

[illegible]

[illegible]

[illegible]

[illegible]

[illegible]

[illegible]

[illegible]

TRAITÉ ÉLÉMENTAIRE

DE PHYSIOLOGIE

PHILOSOPHIQUE.

DEUXIÈME PARTIE.

FONCTIONS QUI CONCOURENT A L'ENTRETIEN ET A LA REPRODUCTION DE L'ORGANISATION DE L'HOMME.

LIVRE PREMIER.

DES FONCTIONS QUI CONCOURENT A L'ENTRETIEN DE L'ORGANISATION.

Les tissus vivans s'altèrent, se détériorent, se décomposent sans cesse; à chaque instant leurs élémens dissociés, exhalés dans l'atmosphère, ou entraînés dans nos liquides excrémentitiels, laissent dans les organes un vide qui, s'il n'étoit promptement rempli, iroit toujours s'accroissant, et la mort seroit l'inévitable résultat de

III.

cette déperdition continuelle. Nos appareils sensitifs et locomoteurs seroient donc bientôt détruits s'ils ne pouvoient réparer leurs pertes, et la vie terrestre de l'homme ne pourroit se soutenir. Il faut donc qu'ils reçoivent un fluide nourricier qui, renfermant en lui-même les matériaux de leur nutrition, mette sans cesse à leur disposition la matière organique réparatrice qui leur est nécessaire.

Mais ce fluide n'est pas tout formé dans la nature; les substances qui servent à nous nourrir n'en renferment que les élémens. Il faut donc que ces élémens en soient extraits, qu'ils soient combinés entre eux de manière à former la matière nutritive qu'exige l'entretien de nos organes, en un mot, que les substances alimentaires soient élaborées, digérées; et cette élaboration, cette *digestion* a été confiée à un appareil d'organes particuliers, que l'on a appelé, à cause de cela, *système* ou *appareil digestif.*

Le fluide nourricier, ainsi préparé, renferme encore des élémens hétérogènes, et ne possède point toutes les conditions nécessaires pour qu'il puisse nourrir nos instrumens organiques. Il faut donc qu'il soit débarrassé des uns, et qu'il acquière les autres. Il faut donc que, d'abord puisé, *absorbé* dans le réservoir où il a été formé, il soit ensuite transporté dans un autre appareil, pour s'y dépouiller des principes étrangers qui l'altèrent, et y acquérir les conditions dont il est dépourvu. Or, d'une part, le *système absorbant* opère ce transport; d'une autre part, l'*appareil pulmonaire*, dans lequel se rend le liquide que ce système charrie, le soumet à l'influence de l'air *respiré*; et c'est la modification qu'il en éprouve qui le rend propre à réparer notre organisation.

Mais cette réparation ne pourroit s'effectuer, si aucun agent ne distribuoit la matière nutritive à chacun de nos instrumens. Il faut donc qu'elle soit portée, de l'appareil qui l'a si avantageusement modifiée, à toutes nos parties, qu'elle y *circule*, qu'elle en parcoure tous les points, afin d'en réparer toutes les pertes; et c'est l'appareil *circulatoire* qui remplit cette fonction.

Nos organes ainsi pénétrés de cette matière réparatrice, se *nourrissent;* et cette fonction, qui leur est propre, qu'ils exercent par eux-mêmes, porte le nom de *nutrition.*

Toutefois le fluide nourricier renferme des principes surabondans et hétérogènes, qui nuiroient à la fonction nutritive, et dont il doit être débarrassé. C'est par les exhalations cutanée et adipeuse, et par la sécrétion urinaire, que s'effectue cette sorte de décharge et de dépuration. Nous donnons à ces fonctions le nom de *fonctions éliminatoires.*

Enfin les actions vitales nécessaires à l'entretien de l'organisme ne pourroient s'effectuer sans le développement d'un certain degré de chaleur. Ce développement est ce que l'on appelle la *calorification*.

Ainsi donc le fluide qui doit servir à l'entretien de nos organes est préparé au moyen de la *digestion*; l'*absorption* le transporte dans l'appareil pulmonaire, où la *respiration* le modifie et le dépure; la *circulation* le distribue dans toute notre organisation; et, tandis que chacun de nos instrumens se l'*approprie*, les systèmes cutané, urinaire et adipeux, le *débarrassent* de certains principes surabondans ou étrangers qu'il renferme, en même temps que la *calorification* développe un des principaux agens qui favorisent toutes les actions vitales de notre organisme.

Tel est l'ensemble des fonctions de notre substance matérielle considérées d'une manière générale; tels sont leur enchaînement mutuel, leurs rapports réciproques; étudions-les chacune en particulier.

CHAPITRE PREMIER.

DE LA PRÉPARATION DU FLUIDE NOURRICIER, OU DE LA FONCTION DIGESTIVE.

Aucun appareil n'est plus compliqué que celui de cette fonction organique. Une cavité, la *cavité buccale*, destinée à recevoir la substance alimentaire, à lui faire subir une modification préparatoire, une sorte de digestion première, et par la mastication, et par l'insalivation qui s'y opèrent ; un tube contractile, l'*œsophage* (οἰσοφάγος, de οἴω je porte, et de φάγω je mange), évasé supérieurement en entonnoir, où il forme le *pharynx* (φάρυγξ, arrière-bouche, gosier), par lequel il communique avec la cavité buccale, et aboutissant inférieurement à l'*estomac*, à qui il transmet le bol alimentaire ; ce dernier viscère, avec sa tunique péritonéale, qui en facilite les mouvemens par la sérosité onctueuse qui la lubrifie, avec sa membrane musculeuse qui les détermine, et sa muqueuse, qui est l'agent spécial de la digestion ; le *tube intestinal*, où cette fonction s'achève, organisé comme le viscère gastrique, et ayant cinq à six fois la longueur du corps pour prolonger convenablement le séjour des alimens; les *organes biliaire* et *pancréatique*, qui la favorisent; et enfin les muscles des parois abdominales, qui concourent à en expulser au dehors le résidu; tels sont les organes qui composent l'*appareil digestif*, et dont toutes les fonctions concourent à un but unique, qui est la préparation de la matière nutritive, et sa séparation d'avec les élémens étrangers qui s'y trouvent mêlés.

Dès que les alimens, dont l'ingestion a été provoquée par la faim, et le choix déterminé par les sens de l'odorat et du goût [1], ont pénétré dans la bouche, la multitude de cryptes qui s'ouvrent à la surface de la muqueuse qui la tapisse, les glandes salivaires parotidiennes, sublinguales et maxillaires, dont les conduits viennent aussi y aboutir, sécrètent une grande quantité de fluides, que souvent la vue seule des alimens fait jaillir, pour ramollir et diviser la substance alimentaire,

---

[1] Les alimens peuvent être pris indistinctement dans le règne animal, ou dans le végétal, car l'homme, bien différent des animaux, se nourrit des produits de ces deux règnes, parce qu'il doit habiter sur toute la terre, et peupler tout l'univers. Aussi ses dents par leur forme, et son tube digestif par ses dimensions, tiennent-ils le milieu entre ceux des carnassiers et des herbivores.

dont le contact sur-excite l'intérieur des cryptes par l'intermédiaire de leurs bords , et les glandes salivaires par l'entremise de leurs conduits[1]. En même temps, les arcades dentaires , organes de la mastication , alternativement rapprochées et écartées les unes des autres par l'action des mas-seters , des temporo-maxillaires et des ptéry-goïdiens internes et externes , et par celle des abaisseurs de la mâchoire inférieure , compriment, divisent, broient l'aliment, que les muscles des lèvres , la langue et les buccinateurs ramènent sans cesse entre leurs surfaces opposées.

---

[1] La salive contient de l'eau en grande quantité, une matière animale particulière appelée *matière salivaire*, du mucus, de l'osmazôme, de l'albumine, une graisse contenant du phosphore, de l'acétate de potasse, du carbonate de soude, du sulfate de potasse, du chlorure de potasse, du chlorure de soude, du sulfocyanure de potasse, du carbonate de chaux, du phosphate de chaux et du phosphate de potasse (Tiedemann, et Gmelin , *Recherches expérimentales physiologiques et chimiques sur la digestion*). Les glandes qui la sécrètent en fournissent environ six onces pendant un repas de moyenne durée. La salive ramollit les substances alimentaires, et en facilite la déglutition ; de plus, elle en commence la dissolution par les sels alcalins et les chlorures ; et, en y mêlant la matière salivaire, l'osmazôme et l'albumine, elle détermine ou augmente leur azotisation.

Remarquez que, bien que la salive soit composée de si nombreux élémens, elle est d'une insipidité complète, ce qui étoit nécessaire, pour que nous pussions percevoir la saveur des alimens.

Ce mouvement a encore un autre effet ; il augmente l'action des glandes salivaires par la compression qu'il leur fait éprouver, et détermine un afflux plus considérable, dans la cavité buccale, du fluide qui est le produit de leurs fonctions.

Tel est le mécanisme de la *mastication* et de l'*insalivation ;* fonctions tellement importantes que sans elles la digestion proprement dite ne peut s'effectuer, ou du moins ne s'opère que d'une manière très-imparfaite. En effet, lorsque les dents manquent, ou que l'on mange avec trop de précipitation, sans diviser exactement la substance alimentaire, et que par conséquent la salive ne s'y mêle pas en suffisante quantité, ou bien lorsque une fistule du conduit de Stenon, une paralysie de la lèvre inférieure, ou une perte considérable de sa substance, causent une déperdition continuelle du fluide salivaire, la digestion stomacale est plus ou moins pénible ou se fait mal.

L'aliment convenablement broyé, assez pénétré de salive, est réduit en bol alimentaire par la langue, qui, animée par le nerf grand hypoglosse, en réunit tous les élémens sur sa surface, et concourt, comme nous allons le dire, à sa déglutition. Cet organe porte son extrémité antérieure contre la surface palatine et forme aussi un plan incliné que la salive et les mucosités buccales lubrifient, et qui par conséquent est très-propre à favoriser la chute du bol alimentaire dans le pharynx. Il s'applique ensuite d'une manière graduelle, et d'avant en arrière, contre cette même surface palatine, presse ainsi le bol alimentaire dans cette direction, et, au moment où il se trouve sur les limites du pharynx, il l'y précipite par l'abaissement subit de sa base et lui fait franchir rapidement l'ouverture du larynx ; action qui a sa source dans l'influence des nerfs glosso-pharyngiens. A ces mouvemens concourent 1° les *releveurs* de la mâchoire inférieure, qui la fixent, et donnent un point d'appui aux élévateurs de l'os hyoïde ; 2° ces *derniers muscles* (les mylo-hyoïdiens, génio-hyoïdiens, etc.), qui élèvent le larynx et le pharynx qu'en même temps ils dilatent ; 3° enfin l'*hyoglosse*, qui, rapprochant la base de la langue de l'os hyoïde, applique l'épiglotte contre l'ouverture des voies aériennes, laquelle d'ailleurs se resserre par l'action propre de ses constricteurs. En même temps le sac musculeux qui reçoit le bol alimentaire, et qui est animé par les mêmes nerfs glosso-pharyngiens, l'enveloppe de toutes parts, s'applique exactement sur lui, le presse ; et, comme tout passage lui est fermé vers la cavité buccale par l'élévation de la base de la langue, et vers les ouvertures nasales postérieures par leur occlusion au moyen du voile du palais, mouvemens que déterminent d'une part les glosso et pharyngo staphylins , et de l'autre les péristaphylins externes et internes , ce bol est forcé de se diriger de haut en bas, dans le conduit œsophagien. Ce tube musculeux se contracte alors, et ses contractions , qui s'effectuent dans la même direction et par un mouvement péristaltique, l'amènent dans le viscère gastrique, dont la dilatabilité, ainsi que celle des parois de la cavité qui le renferment, favorisent l'ingestion de la quantité d'alimens que les besoins de l'organisation exigent. Tel est le mécanisme de la *déglutition*.

Lorsque les contractions de l'œsophage s'effectuent d'une manière irrégulière, que, par exemple, les deux régions de ce conduit entre lesquelles se trouve le bol alimentaire agissent simultanément, ce bol s'arrête dans son trajet, les fibres musculaires qui l'enveloppent se trouvent distendues, tiraillées , une douleur plus ou moins vive se fait sentir, et persiste jusqu'à ce que, la contraction inférieure cessant, le passage devienne libre.

La déglutition des liquides, que la soif force d'ingérer pour calmer la sur-excitation que le contact des alimens développe dans la muqueuse gastrique, est beaucoup plus difficile que celle des solides. La mobilité de leurs molécules fait qu'ils tendent sans cesse à échapper à l'organe qui les presse, et il faut que celui-ci les enveloppe exactement et agisse sur tous les points de leur masse, pour que son action soit efficace et complète. Elle s'effectue par un mécanisme à peu près semblable à celui de la déglutition des solides; les lèvres s'avancent pour saisir les bords du vase qui les renferme, un mouvement de succion produit le vide dans la cavité buccale, et la pression de l'air, qui pèse sur la surface du liquide, le force de pénétrer dans cette cavité. Alors les buccinateurs en se contractant, et la langue en s'élevant vers sa pointe, le dirigent d'avant en arrière; après quoi cette dernière, dont la base s'abaisse, lui fait franchir l'isthme du gosier. Le pharynx agit ensuite sur lui comme sur le bol alimentaire.

La contraction irrégulière de l'œsophage produit le même phénomène que dans la déglutition des solides. Mais lorsque son orifice supérieur se contracte en même temps que le pharynx, ou bien lorsque la glotte s'ouvre et que l'air s'en échappe pendant que la déglutition s'effectue, comme lorsque l'on rit en buvant, pressé de toutes parts, et ne pouvant, dans le premier cas, franchir l'orifice pharyngo-œsophagien, et, dans le second, étant chassé par l'air qui sort avec force de la trachée-artère, le liquide s'échappe par les arrières-narines et par la bouche, qui sont alors forcées de lui livrer passage.

Dès que les alimens sont arrivés dans l'estomac, qui, pour en recevoir une quantité proportionnée aux besoins de l'organisation, s'étend dans les replis des épiploons gastro-colique et gastro-hépatique, la digestion s'établit[1]. Les orifices œsophagien et pylorique de ce viscère se ferment par le resserrement de leurs sphincters, pour s'opposer à la sortie de la pâte alimentaire, tandis que ses fibres circulaires se contractent.

---

[1] Cette fonction s'effectue sous l'influence des nerfs de la huitième paire ; leur ligature la suspend ; elle est complètement abolie lorsque l'on en opère la section en leur faisant éprouver une déperdition de substance, ou en éloignant l'une de l'autre les extrémités divisées de manière à ce qu'elles ne soient point en contact. Il en résulte la paralysie de la tunique musculaire gastrique, et, par conséquent, l'impossibilité du déplacement de la pulpe alimentaire, et de l'exposition successive de ses différentes parties au contact des sucs gastriques qui doivent la modifier.

D'un autre côté, l'irritation pathologique de ces nerfs, ou du prolongement médullaire qui les fournit, produit un trouble grave dans la fonction digestive, et surtout d'opiniâtres vomissemens.

Le grand sympathique, qui anime la muqueuse de l'estomac comme les autres organes abdominaux, qui lui transmet le principe de la vie, préside à la formation des sucs gastriques. Ainsi ce nerf, qui est un nerf sensitif, puisqu'il a les connexions les plus intimes avec ceux qui naissent des cordons postérieurs de la moelle épinière, détermine la production de ces sucs, et les pneumogastriques, qui sont des nerfs simplement moteurs, font entrer en contraction les fibres par un mouvement vague et irrégulier, pour en opérer le mélange intime avec les fluides digestifs.

Ces fluides sont les mucosités que sécrètent les follicules de la muqueuse gastrique, et le liquide qu'exhalent les orifices de ses capillaires artériels. Ce dernier, analogue à la salive, a reçu le nom de *suc gastrique*[1]. Il exerce une influence particulière sur les alimens ingérés, et il paroît

---

musculaires de l'estomac, dont les parois, qui agissent à leur tour sur la pâte alimentaire, la mettent en contact avec les sucs gastriques que la muqueuse de cet organe a secrétés.

La sécrétion de ses sucs est tellement sous la dépendance du grand sympathique, que la ligature ou la section des nerfs de la huitième paire n'empêchent point la chymification de s'opérer à la surface de la pâte alimentaire qui est en contact avec cette membrane.

Toutefois la lésion du cordon intermédiaire qui sépare le corps olivaire et le corps restiforme du segment basilaire, anéantit ou trouble, selon son degré de gravité, la fonction digestive; d'où il faut conclure que ce cordon est un agent essentiel de cette fonction, et peut-être faut-il penser que c'est dans ce centre nerveux que les deux nerfs dont nous venons de parler, puisent le principe de leur influence sur le viscère gastrique.

Nous avons déjà dit, dans nos Prolégomènes, que les fonctions du pancréas, du foie, de la rate, de l'intestin grêle et du gros intestin, se trouvoient sous la dépendance des régions dorso-costale et lombaire du prolongement rachidien.

[1] Le suc gastrique est composé d'eau, d'acide acétique, de mucus, de matière salivaire, d'osmazôme et de divers sels. L'eau dissout l'albumine non coagulée, la gélatine, l'osmazôme, le sucre, la gomme et l'amidon cuit. L'acide acétique

être le principal agent de la fonction digestive.

Après un certain temps de l'action de ce fluide, la pulpe alimentaire présente, dans sa partie qui est contigue à la muqueuse gastrique, des molécules d'une couleur grisâtre, disséminées çà et là, qui deviennent de plus en plus nombreuses, et que les contractions de l'estomac font disparoître pour les remplacer par d'autres non encore élaborées. De telle sorte que peu à peu la masse des alimens se trouve convertie en une substance homogène, grisâtre, et à laquelle on a donné le nom de *chyme* (de χυμός, suc) [1], et la digestion gastrique est achevée. Elle exige, terme moyen, trois ou quatre heures.

A mesure qu'elle s'effectue, le sphincter duodénal se relâche pour laisser passer les parties alimentaires convenablement modifiées, ou

---

dissout les alimens simples insolubles dans l'eau, tels que l'albumine concrète, la fibrine, la matière caséeuse coagulée, le gluten, la gaiadine (substance analogue au gluten, que l'on trouve dans plusieurs légumes et céréales). Il dissout aussi le tissu cellulaire, les membranes, les tendons, les cartilages, et les os. L'amidon se décompose, ne se colore plus en bleu, et se change en sucre ou en gomme (Tiedemann et Gmelin, ouvrage cité).

Le suc gastrique, à la température de 37° (therm. centigr.), dissout les alimens comme dans l'estomac (*Expérience* de M. N. Beaumont, *Nouv. Bibl. méd.*, octobre 1828, p. 103).

[1] Le chyme est acide, par l'excès de l'acide acétique, provenant du suc gastrique.

les matières inalibiles, tandis que, par une sorte de choix, il retient celles qui ne sont point suffisamment élaborées, ou qui sont riches en élémens nutritifs, jusqu'à ce que leur modification soit parfaite. Pendant que le pylore s'ouvre pour livrer passage aux alimens digérés, les fibres circulaires de l'estomac se contractent par un mouvement péristaltique de gauche à droite et poussent ainsi le chyme à travers cette ouverture[1]. En même temps, les fibres longitudinales, en raccourcissant le viscère dans le sens de son plus grand diamètre, rapprochent l'un de l'autre ses deux orifices, effacent l'angle qu'il forme avec le duodénum, facilitent par là l'entrée de la pâte alimentaire dans cet intestin, et, dès qu'elle y est introduite, une nouvelle élaboration commence.

Le fluide biliaire, dont les matériaux sont fournis par le sang veineux abdominal, qui arrive au foie par la veine-porte, et que peut-être la rate, dont les fonctions sont encore peu connues, est destinée à modifier, ce fluide, dis-je, sécrété par les glandules qui composent l'organe hépatique, se rend de tous les canaux particuliers qui naissent de chacune d'elles dans le conduit principal provenant de leur réunion, et de

---

[1] Cela explique pourquoi le coucher sur le côté gauche gêne la digestion, tandis que sur le côté droit, il la favorise.

là dans la vésicule du fiel par ce dernier et le canal cystique ; conduits qui forment par leur anastomose le canal cholédoque, lequel s'ouvre immédiatement dans le duodénum. Mais, à mesure que le chyme arrive dans cet intestin, l'orifice du conduit cholédoque excité par le contact de ce liquide, qui a une acidité bien prononcée, transmet cette excitation d'une part au foie par le canal hépatique, et de l'autre à la vésicule du fiel par le cystique. Le premier sécrète alors une plus grande quantité de bile ; la seconde se contracte sur celle qu'elle contient, et ce fluide afflue en grande abondance dans la cavité duodénale. Avec lui s'y rend l'humeur formée par le pancréas, glande analogue aux salivaires par sa structure, et dont le conduit excréteur s'unit au canal cholédoque avant que celui-ci ne s'ouvre dans la cavité de l'intestin[1].

---

[1] La bile contient de l'eau, de l'albumine, de la cholestérine, de la résine, du picromel, de l'acide cholique, une huile unie au principe colorant amer, de la soude, du phosphate, du carbonate, et du muriate de soude, et des phosphates de chaux et d'ammoniaque.

On n'a jamais pu se procurer une assez grande quantité de suc pancréatique pour le soumettre à l'analyse. Les expériences de Tiedemann et Gmelin ont démontré que, dans les animaux, il est acide, qu'il diffère de la salive en ce qu'il donne un résidu plus considérable, qu'il ne contient point

Soumis à l'action de ces deux fluides, que facilite le mouvement péristaltique, vermiculaire ou ondulatoire de l'intestin, le chyme se divise en deux parties, l'une fluide, blanchâtre, laiteuse, d'une saveur douce, renfermant à peu près les principes élémentaires du sang, savoir : de la sérosité, de l'albumine, de la fibrine, etc., n'en différant que par le principe colorant qui lui manque, et appelée le *chyle* (de χυλὸς, suc); l'autre, d'un jaune verdâtre, renfermant, avec la partie non nutritive des alimens, la matière huileuse, colorante et amère de la bile, nécessaire pour exciter le tube intestinal et provoquer ses contractions[1].

---

de mucus, peu ou point de matière salivaire, mais beaucoup d'albumine et de matière caséeuse, et une matière particulière que le chlore rougit.

La vésicule du fiel et les canaux biliaires ont des fibres charnues. Le canal cystique est pourvu d'une valvule spirale qui facilite l'ascension de la bile dans la vésicule et s'oppose à sa sortie trop brusque. Le canal cholédoque se termine en cône, et par une petite ouverture du côté de l'intestin; ce qui favorise aussi l'afflux de la bile dans la vésicule (Amussat, *Rev. méd.*, juin 1827, p. 496).

La sécrétion plus ou moins abondante de la bile qui donne à la peau une teinte d'un brun jaunâtre, et qui détermine par intervalles des vomissemens d'un liquide jaune - verdâtre et amer, ou des évacuations alvines de même nature, constitue ce que les physiologistes appellent *tempérament bilieux*.

[1] Voici le mécanisme chimique de la chylification. L'acide

A mesure que cette analyse s'opère, et que, par les contractions du duodénum, la pâte alimentaire pénètre dans les autres parties du tube digestif, le jéjunum, l'iléon, le cœcum, ceux-ci se contractent sur elle et la font avancer vers le rectum. Dans ce trajet, où sa marche est ralentie et sa masse divisée par les valvules conniventes de ces intestins et par leurs replis nombreux, afin que l'absorption du chyle soit complète, ce fluide, que les contractions intestinales font pa-

du chyme, provenant du suc gastrique, se combine avec les sels de soude de la bile, qu'il décompose; l'acétate alcalin qui en résulte divise la graisse et les principes constituans du sang, précipite le mucus biliaire, qui se coagule et entraîne le principe colorant, la cholesterine, et la résine, qui font ensuite partie des excrémens.

Le suc pancréatique cède à la pâte alimentaire, de l'albumine, de la matière caséeuse, et la matière particulière susceptible de rougir par le chlore (Tiedemann et Gmelin, ouvrage cité).

La bile est si nécessaire à la digestion, que l'oblitération du canal cholédoque fait mourir les malades de consomption; la chylification ne peut se faire.

Le chyle contient de la sérosité, de la fibrine, de l'albumine, une matière grasse, de la soude, du chlorure de cet alcali, et du phosphate de chaux. Sa partie colorante rouge lui est fournie par les glandes mésaraïques et la rate, qui commencent ainsi la sanguification. Il est tout-à-fait blanc avant d'avoir traversé ces glandes, et d'avoir reçu la lymphe rougeâtre que les vaisseaux lymphatiques de la rate viennent y mêler (Tiedemann et Gmelin, ouvrage cité).

roître à la surface de la matière chymeuse par la compression qu'elles exercent sur elle, est absorbé par les bouches des vaisseaux chylifères, qui s'ouvrent à l'intérieur des intestins, et qui s'y montrent d'autant plus rares qu'on les examine plus inférieurement. Cette matière devient, par cette absorption, de moins en moins fluide, arrive au cœcum, dont la valvule l'empêche de rétrograder [1], pénètre de là dans le colon, qu'elle parcourt pour se rendre enfin dans la cavité rectale. Dans ce reste de son cours, elle est dépouillée de tout le chyle qu'elle renferme, par les vaisseaux absorbans, de telle sorte qu'arrivée dans le dernier intestin, elle ne forme plus qu'une matière excrémentitielle.

Lorsque cette matière s'y est accumulée en quantité assez considérable, et qu'elle doit être expulsée, une douleur plus ou moins vive se développe dans les parois de la cavité qui la renferme, un besoin plus ou moins pressant d'évacuation se fait sentir, et l'excrétion s'en opère.

Cette excrétion, qui est toute volontaire, et qui s'exerce sous l'influence de la moelle allongée et de tout le prolongement rachidien [2], a lieu

---

[1] Cet intestin sécrète un liquide acre, acide, dissolvant, qui se mêle aux restes d'alimens difficiles à digérer (Tiedemann et Gmelin, ouvrage cité).

[2] La moelle allongée agit par l'intermédiaire des pneumogastriques, dont une division se répand dans les muscles du

par le mécanisme suivant : une inspiration profonde abaisse le diaphragme, élève les côtes, et en même temps la glotte se ferme. Alors les muscles abdominaux se contractent ; et comme, d'une part, ils trouvent un point d'appui fixe dans les parois du thorax, et que, d'une autre part, les viscères de l'abdomen, qu'ils compriment, ne peuvent soulever le diaphragme que la distension des poumons, qui ne peuvent se vider par la glotte, maintient abaissé, il en résulte que toute leur action s'exerce sur le tube intestinal. Alors ce tube, comprimé et poussé vers la cavité du bassin, agit à son tour sur les matières que le rectum renferme, cet intestin entre en contraction, en même temps son sphincter se relâche, et l'ouverture qu'il ferme, et qui devient libre, donne issue au résidu de la digestion.

Deux agens passifs, mais néanmoins d'une grande importance, favorisent singulièrement, non-seulement cette excrétion, mais encore le trajet de la pâte alimentaire dans l'intérieur des voies digestives. Ce sont les mucosités qui s'y sécrètent, et les fluides aériformes qui y sont exhalés.

---

larynx. La région *cervicale* de la moelle épinière anime le diaphragme ; la *dorsale*, les intercostaux, et, en général, tous les muscles inspirateurs ; et la *lombaire*, les expirateurs et le gros intestin dans sa tunique musculeuse.

Les mucosités, outre qu'elles préservent la muqueuse intestinale de tout contact trop irritant, facilitent, en rendant cette membrane onctueuse et glissante, le cours du chyle et des matières excrémentitielles dans le conduit qu'elle revêt.

Il en est de même des fluides aériformes intestinaux, formés des gaz oxygène, azote, acide carbonique, hydrogène, hydrogène sulfuré et hydrogène carboné, exhalés par la muqueuse gastro-intestinale[1], dégagés de la matière alimentaire, dans laquelle la mastication les avoit enveloppés, ou formés par la digestion elle-même[2]. D'une part, ils fournissent un point

---

[1] Ne voit-on pas des exhalations gazeuses s'effectuer dans différens organes, dans la matrice, la vessie, etc. ?

[2] Les gaz gastro-intestinaux ne sont pas de la même nature dans toutes les régions du tube digestif; ainsi tandis que, d'après les recherches de MM. Magendie et Chevreul (*Ann. de chim. et de phys.*, t. ii, p. 292), l'estomac renferme du gaz oxygène, du gaz acide carbonique, du gaz azote, et du gaz hydrogène pur, et que l'intestin grêle contient ces mêmes gaz, moins l'oxygène, qui sans doute a été absorbé pour la sanguification, on trouve, dans le gros intestin, le gaz acide carbonique, le gaz azote, et les gaz hydrogène sulfuré et hydrogène carboné.

Remarquez que les gaz stomacaux sont inodores, ce qui étoit nécessaire pour que l'haleine ne fut point infecte ; et que si les gaz intestinaux sont fétides, un sphincter puissant s'oppose efficacement à leur sortie, et que leur excrétion est toujours soumise à l'empire de la volonté.

d'appui aux fibres musculaires intestinales et favorisent ainsi leurs contractions, et, d'une autre part, ils servent d'intermédiaire à ces mêmes fibres dans leur action sur le produit de la fonction digestive, ainsi qu'aux muscles des parois abdominales qui déterminent l'excrétion de son résidu ; excrétion que ces gaz facilitent encore en distendant uniformément les bords de l'orifice qui doit leur livrer passage. Ils agissent ici comme les eaux de l'amnios dans l'accouchement, et cette analogie d'action si évidente démontre tout à la fois et le but de leur développement dans la cavité gastro-intestinale, et leur usage, et leur utilité.

Mais la marche de la matière alimentaire dans cette cavité n'a pas toujours la régularité que nous venons de décrire. Lorsque les alimens ont été ingérés en quantité trop considérable, ou qu'ils sont d'une digestion difficile, ou bien que, par d'autres causes dont nous ne devons pas nous occuper ici, les fonctions de l'estomac sont troublées, le pylore se resserre, l'ordre des contractions des fibres circulaires gastriques s'intervertit, et il s'y établit un mouvement expulsif du pylore à l'œsophage ; en même temps les muscles des parois de l'abdomen se contractent violemment, et, par cette triple action, les alimens s'échappent par l'orifice œsophagien, qui se dilate, et le vomissement a lieu. Ce phénomène est encore déterminé par la vue d'objets dégoûtans, d'alimens de mauvaise nature, ou par leur contact sur les parois buccales ou sur le pharynx. Ce dernier organe est si impressionnable, et met si facilement en jeu d'une manière sympathique les fibres musculaires gastriques, lorsqu'une substance nuisible agit sur lui, que l'on peut avec juste raison le considérer comme le gardien des voies digestives.

Les intestins eux-mêmes peuvent intervertir leur mouvement péristaltique par des causes qui s'opposent au cours des matières nutritives dans leur intérieur, telles qu'un étranglement interne, une invagination, etc.; et alors, se contractant de bas en haut par un mouvement nommé anti-péristaltique, par opposition avec l'ordre de succession de leurs contractions normales, ils amènent dans l'estomac des matières excrémentitielles, qui provoquent à leur tour le vomissement.

Un autre phénomène, analogue au vomissement, mais plus rare, et qui en diffère par sa marche lente et graduelle, c'est la *rumination*. Elle est caractérisée par l'ascension des alimens et leur retour dans la bouche, que déterminent les contractions anti-péristaltiques de l'estomac et de l'œsophage, une demi-heure environ après les repas, sans qu'ils aient subi une altération sensible. Les sujets chez lesquels elle a lieu les remâchent sans plaisir comme sans dégoût, et les avalent de nouveau. Cette anomalie de la digestion dépendroit-elle du peu d'activité du suc gastrique, qui nécessiteroit une nouvelle insalivation?

Mais l'irrégularité la plus fréquente de la marche des matières dans le tube intestinal, c'est celle où elle se montre plus rapide que dans l'état ordinaire; ce qui constitue la *lienterie*, lorsque les alimens sont expulsés indigérés, et la *diarrhée*, lorsqu'ils ont subi une certaine élaboration, mais qu'ils se trouvent mêlés à une plus ou moins grande quantité de mucosité séreuse, qui en rend la consistance plus ou moins liquide.

La fonction digestive est modifiée par une foule d'autres causes, mais qui sont purement physiologiques, telles que l'âge, le sexe, les constitutions individuelles, les professions, les climats et les saisons.

Dans le premier âge, la digestion ne s'exerce que sur une substance fluide, le lait; aussi est-elle fort active, cet aliment souvent ingéré, et les selles très-fréquentes. Ce n'est que lorsque les dents sont en nombre suffisant pour que la mastication puisse s'opérer, c'est-à-dire, à un an et demi ou deux ans, époque à laquelle l'enfant a ses incisives pour couper, ses canines pour déchirer, et huit molaires pour broyer, que des substances sur lesquelles l'action de l'estomac doit s'exercer plus ou moins fortement pour les convertir en chyme, remplacent ou doivent remplacer ce premier aliment. Mais ce changement ne fait rien perdre à la digestion de son énergie, qui est favorisée par les dimensions du tube digestif, proportionnellement plus considérables que dans l'adulte; ce qui devoit être, l'accroissement du corps nécessitant, à cet âge, une abondante alimentai on. La fonction digestive a aussi beaucoup d'activité dans la jeunesse, où l'accroissement du corps continue, et où tous les organes jouissent d'une grande vitalité. Elle s'affoiblit dans l'âge viril, où toutes les actions vitales se ralentissent, où le développement de l'organisme est terminé, et où, par conséquent, la nutrition devenue moins active n'exige pas une préparation si prompte ni si abondante du fluide nourricier. Enfin dans la vieillesse, où la chûte des dents arrive, où toutes les fonctions languissent, où l'organisation, près de se dissoudre, n'est plus susceptible de réparation, l'appétence des alimens s'amortit; la digestion devient lente et pénible, et par une mastication imparfaite, et par l'effet de l'affoiblissement général de l'organisme, les dimensions du tube digestif diminuent; la sécheresse de ce tube et l'espèce de torpeur dont il est frappé, rendent les selles rares et difficiles; elles deviennent presque nulles et souvent impossibles naturellement, dans la décrépitude, où l'appareil digestif est comme paralysé.

La digestion est moins active chez la femme que chez l'homme. Sa vie sédentaire, et ses déperditions organiques moins considérables, rendent la faim moins pressante, et les mouvemens digestifs beaucoup plus lents. Aussi les selles y sont-elles moins abondantes et plus rares. D'un autre côté, ses sensations sont plus vives, ses affections morales plus profondes, ce qui souvent ralentit ou trouble en elle l'élaboration des alimens.

Dans les individus cette élaboration présente des variétés nombreuses, soit sous le rapport de son activité, soit relativement aux substances alimentaires sur lesquelles elle s'exerce. En général, ceux qui ont beaucoup d'embonpoint ont la digestion fort active; c'est l'excès du fluide nourricier qu'elle produit, qui se dépose dans le tissu vésiculaire adipeux. Toutefois, il est des individus maigres qui digèrent aussi très-rapidement; les élémens nutritifs sont absorbés par les organes, et l'excédant en est promptement transporté au-dehors par les fonctions d'élimination.

Les goûts divers relatifs aux substances alimentaires sont en grand nombre, et l'on en compte, pour ainsi dire, autant que d'individus. Ils établissent ainsi une admirable harmonie entre les constitutions individuelles et les substances nutritives que la main de la Providence a

répandues autour de nous avec tant de profusion.
Parmi ces variétés si nombreuses, on en remarque
deux principales, qui dépendent de la force différente des organes digestifs. Ceux qui ont cet
appareil très-vigoureux, se plaisent dans un régime succulent, et appètent vivement les substances animales. Ceux, au contraire, dont la digestion est peu active, préfèrent des substances
plus aisément digestibles, et sont portés, comme
par instinct, vers un régime végétal.

Ces deux genres de nourriture influent évidemment aussi sur la digestion. Les alimens puisés dans le règne animal la rendent lente et plus
ou moins laborieuse ; il semble qu'alors le viscère gastrique emploie toute son activité à élaborer des substances qui renferment une grande
quantité d'élémens nutritifs. La digestion des
alimens végétaux, qui contiennent beaucoup
moins de matière réparatrice, est, au contraire,
prompte et facile ; l'estomac semble les dédai-
gner, et les expulse dans le tube digestif au bout
d'un temps très-court. Aussi les selles sont-elles
beaucoup plus fréquentes quand on se nourrit de
végétaux, que lorsque l'on fait usage des substances animales.

En général, les alimens sont d'autant plus
propres à être convertis en chyle, qu'ils sont plus
disposés à entrer en fermentation, qu'ils se rapprochent davantage, par leur composition élé-

mentaire, de celle de nos matériaux constitutifs, et qu'ils sont plus solubles. Voilà pourquoi les substances minérales, qui sont infermentescibles, ne sont pas propres à nous nourrir. D'après les expériences de MM. Leuret et Lassaigne, il sembleroit que les corps qui ne contiennent point d'azote, ne peuvent servir à la nutrition ; s'ils sont insolubles, ils passent dans le tube digestif sans être altérés, comme l'amidon, le ligneux, etc. ; s'ils sont solubles, une partie est absorbée, et l'autre est expulsée par l'anus. Les boissons spiritueuses font affluer les sucs gastriques sur la pâte alimentaire, s'acidifient, et sont ensuite livrées aux absorbans [1]. C'est en déterminant cet afflux que, prises avec mesure, elles favorisent la fonction digestive.

Les professions influent sur cette fonction d'une manière remarquable. Dans celles qui sont plus ou moins pénibles et qui nécessitent de violens et fréquens mouvemens du corps, on éprouve des pertes organiques promptes et considérables, le besoin de les réparer se renouvelle plus souvent, la faim est plus pressante, et la digestion beaucoup plus active, que dans celles où le corps n'exerce que très-peu de mouvement.

---

[1] *Recherches physiologiques et chimiques, pour servir à l'histoire de la digestion*, par MM. Leuret et Lassaigne, Paris, 1825.

Enfin l'influence des climats et des saisons sur la même fonction, n'est pas moins sensible. Dans les pays froids et en hiver, les mouvemens vitaux semblent se concentrer au-dedans de l'organisation, toutes les fonctions organiques internes jouissent d'une grande énergie que partagent les viscères digestifs. Dans les régions chaudes et en été, au contraire, les forces vitales se portent du dedans au dehors, du centre à la périphérie; tous les mouvemens internes languissent, et la digestion elle-même prend part à cet affoiblissement général. De là vient que les peuples des zones équatoriales préfèrent les alimens végétaux aux viandes, parce qu'ils sont de plus facile digestion, et que les peuples du nord, au contraire, ont une prédilection marquée pour les substances animales.

Mais, outre ces influences, la fonction digestive en éprouve d'autres d'une nature différente, et non moins puissantes, qui la troublent, l'affoiblissent, ou en augmentent l'activité. Ainsi, l'exercice des fonctions intellectuelles immédiatement après le repas, la rend plus ou moins pénible par une diminution de l'afflux nerveux que transmettent à l'estomac les ramifications du grand sympathique qui s'y distribuent. Les individus qui exercent peu leur esprit, ou qui ont naturellement peu d'intelligence, ont en général beaucoup d'appétit. Les idiots sont remarquables par leur voracité, et l'espèce de boulimie qui les tourmente.

Mais ce sont surtout les vives affections de l'âme qui altèrent la digestion, qui la troublent, par la modification vitale qu'elles déterminent dans le centre même des viscères gastriques ; les serremens spasmodiques, les douleurs qui y surviennent, les vomissemens qui en sont souvent la suite, les affections aiguës ou chroniques de l'estomac, du foie, du tube intestinal, etc. , qu'elles produisent, le démontrent évidemment.

Il n'en est pas de même de la parole et de la fonction locomotrice. La parole influe puissamment, quoique d'une manière indirecte , sur la fonction digestive, par la sécrétion salivaire plus ou moins abondante que déterminent les contractions musculaires nécessaires à l'articulation des sons. Voilà pourquoi une conversation animée après les repas , rend l'élaboration des alimens si prompte et si facile.

La locomotion facilite la digestion, par le mouvement qu'elle imprime aux organes de la cavité abdominale , et aux fluides qui circulent dans leur tissu ; pendant le sommeil, elle s'accomplit , plus régulièrement même que dans la veille, par la concentration des forces vitales sur les organes digestifs.

La fonction digestive à son tour, car tout s'enchaîne dans notre organisme, influe et sur l'exercice des fonctions intellectuelles et sur la locomotion, qu'elle affoiblit, et sur le sommeil qu'elle rend plus profond, lorsque l'estomac, surchargé d'alimens se trouve dans un état de surexcitation trop intense. Elle exerce ces influences en déterminant un engorgement sympathique de l'encéphale, appareil de transmission et de manifestation pour la pensée, et agent excitateur de la locomotion.

Toutefois, un phénomène digne de remarque, relativement aux mouvemens locomoteurs, c'est que lorsque le besoin des alimens se fait sentir, et que le système musculaire a perdu, par une abstinence plus ou moins prolongée, une grande partie de son énergie, le contact seul de la matière alimentaire sur la muqueuse gastrique lui redonne toute son activité; ce qui ne peut provenir de l'influence de la nutrition, puisque la digestion n'est point effectuée, mais seulement d'une réaction synergique prompte, subite, dans laquelle entre ce système, par l'excitation qu'éprouve et que lui transmet l'estomac.

C'est sur cette réaction qu'est fondé l'usage des liqueurs fortes que font les hommes livrés à des travaux pénibles. Ces liqueurs, lorsqu'ils les prennent avec mesure, soutiennent, excitent leurs forces musculaires. Elles les affoiblissent, au contraire, et finissent même par les anéantir, lorsqu'ils en abusent, l'appareil encéphalique, perdant alors, par les impressions trop vives et trop répétées qu'il en éprouve, sa faculté de transmission.

CHAPITRE DEUXIÈME.

DE L'ABSORPTION DU FLUIDE NOURRICIER, ET DE SON TRANSPORT A LA SURFACE INTERNE DE LA MUQUEUSE PULMONAIRE.

———

A peine, comme nous l'avons dit dans le chapitre précédent, le fluide nourricier est-il formé dans la cavité digestive, que les vaisseaux chylifères, qui viennent s'ouvrir au sommet des villosités intestinales, se hâtent de l'absorber. Leurs orifices se dilatent d'une manière active, et le vide qui s'y forme y fait pénétrer le liquide qui se trouve à leur contact. Alors ces mêmes orifices se resserrent, et en précipitent la marche. En même temps, un mouvement ondulatoire, analogue à celui du tube intestinal, s'établit dans toute l'étendue des vaisseaux chylifères, et c'est ce mouvement qui détermine le cours du fluide qui y est renfermé. Il se rend d'abord dans le tissu des glandes mésentériques, où il subit une élaboration particulière, et où il se mêle avec un

III.   3

liquide rougeâtre, qui rapproche sa nature de celle du sang, que plus tard il doit former. Il traverse ensuite les rameaux qui, de ces glandes vont se réunir au réservoir de *Pecquet*, passe de là dans le canal thoracique, et est enfin amené dans la sous-clavière gauche, par l'action de ce conduit.

Tel est le mécanisme de l'absorption du chyle. Mais ce fluide n'est point le seul qui doive servir à l'entretien de l'organisation. D'autres élémens lui sont fournis d'une part par les vaisseaux veineux, et de l'autre par les lymphatiques.

Les veines absorbent dans les capillaires artériels, avec lesquels elles s'abouchent, le produit de la digestion. Elles puisent ainsi dans le tube intestinal, et dans les glandes mésentériques, où elles s'anastomosent avec les vaisseaux chylifères, une portion du chyle, qui va subir dans leur intérieur un commencement d'hématose[1], en se mêlant avec le sang qu'elles renferment, et se modifier ensuite avec lui dans le tissu hépatique où la veine-porte les transmet. Peut-être aussi la rate lui fait-elle subir une préparation particulière; le tissu de cet organe se tuméfie

---

[1] L'absorption du chyle par les veines est démontrée par l'anatomie pathologique; la nutrition s'étoit long-temps et complètement opérée chez un individu où l'on trouva le canal thoracique entièrement oblitéré (*Jour. univ. des sciences méd.*, t. XXIX, p. 81.).

pendant l'absorption des veines abdominales, et il semble n'être qu'une appendice du foie[1].

Enfin les vaisseaux veineux absorbent dans ce même tube intestinal une foule de substances étrangères au chyle, telles que les boissons aqueuses, les principes odorans et colorans des substances alimentaires, les sels, les oxides, comme les expériences de MM. Tiedemann et Gmelin l'ont démontré[2].

Tous ces produits divers de l'absorption veineuse se rendent dans deux vaisseaux principaux, la *veine-cave supérieure* et l'*inférieure*, qui les transmettent, avec le chyle apporté par la sous-clavière gauche, aux cavités droites du cœur, lesquelles à leur tour les font parvenir, par les divisions de l'artère pulmonaire, à la surface interne de la muqueuse du poumon.

L'absorption des vaisseaux lymphatiques est encore plus étendue que celle des veines. Comme elles, ils pénètrent dans tous les tissus, ils s'ouvrent dans tous les organes, où ils puisent, et les molécules qu'en détache l'exercice même de leurs fonctions, et la lymphe que renferme le

---

[1] *Recherches physiolog. et chim., pour servir à l'histoire de la digestion*, par MM. Leuret et Lassaigne, 1825.

[2] *Journ. complém. du Dict. des sciences médic.*, t. XI, p. 358.

L'absorption des liquides et des autres substances qui s'échappent au dehors par les voies urinaires, se fait par les veines gastriques (*N. Bibl. germanique*, t. II, p. 120.)

tissu cellulaire qui entre dans leur structure; ils sont répandus abondamment dans ce tissu et dans les vésicules adipeuses qu'il renferme, et où ils absorbent le fluide que leurs exhalans y ont déposé; ils se ramifient jusque dans les vésicules médullaires, et s'ouvrent surtout en quantité innombrable à la surface interne de toutes les cavités séreuses et muqueuses, pour y absorber la sérosité qui s'y exhale sans cesse; ils s'ouvrent aussi à la surface extérieure du système cutané pour puiser dans l'air atmosphérique les divers élémens nutritifs qui s'y trouvent mêlés[1]; enfin ils se répandent sur la muqueuse pulmonaire, où leur fonction a une activité remarquable, comme on le voit en injectant dans les bronches une substance vénéneuse, dont les effets sont plus prompts que lorsqu'on l'introduit dans les vaisseaux veineux[2]; ce qui montre quelle

---

[1] C'est sur la faculté absorbante des lymphatiques cutanés, qui est démontrée d'ailleurs par une foule de faits, tels que l'augmentation du poids du corps, après un séjour plus ou moins prolongé dans un lieu humide, la tuméfaction des glandes inguinales après un bain de pieds, l'odeur de violette que contractent les urines après s'être soumis aux émanations de l'huile essentielle de térébenthine, en respirant l'air du dehors au moyen d'un tuyau, pour n'avoir point lieu de soupçonner que l'absorption puisse s'effectuer par la surface pulmonaire, etc., c'est sur cette faculté absorbante, dis-je, que repose la méthode thérapeutique *endermique*, ou l'administration des médicamens par leur application sur la peau.

[2] *Journ. de physiolog.*, t. IV, p. 284.

est la voie que suivent ordinairement les miasmes lorsqu'ils pénètrent dans l'organisme.

De toutes les parties où ils s'ouvrent, les vaisseaux lymphatiques, qui s'anastomosent entre eux dans un grand nombre de points et forment des ramuscules, puis des rameaux, puis des troncs, font marcher dans leur intérieur, par un mouvement ondulatoire semblable à celui des radicules chylifères et veineuses, tous les produits de leur absorption, les soumettent à l'action des glandes lymphatiques qu'ils traversent, et où sans doute ces fluides subissent une élaboration particulière, comme le chyle dans les glandes mésentériques, et les transportent dans le système veineux, soit directement, en s'abouchant avec ce système dans les capillaires veineux des glandes lymphatiques, dans les veines émulgentes, spermatiques, lombaires et azygos, et dans la veine-cave inférieure, comme les expériences de M. Lippi l'ont démontré, soit indirectement, par l'intermédiaire du canal thoracique dans lequel ils vont se terminer[1].

---

[1] Remarquez l'admirable harmonie du grand nombre de débouchés du système lymphatique avec le cours du fluide qu'il renferme, et son mélange nécessaire avec le sang. Il résulte évidemment de ces communications nombreuses avec le système veineux, d'une part, que la lymphe arrive rapidement et sans obstacles dans ce dernier, ce qui n'auroit point lieu, si elle n'étoit versée que par un petit nombre de

Mais le mouvement ondulatoire des radicules chylifères, veineuses et lymphatiques [1] ne suffiroit point pour opérer le transport dans les cavités droites du cœur, des fluides qu'elles ont absorbés, s'il n'étoit soutenu par de puissans auxiliaires ; et les parois des troncs vasculaires, où ce mouvement est moins énergique que dans les ramuscules, se distendroient outre mesure par le liquide qui y arrive continuellement, et enfin, ne pouvant plus résister à ses efforts, ils éprouveroient des dilacérations plus ou moins graves.

Les auxiliaires des absorbans sont leur structure et leur disposition anatomique, les organes qui les avoisinent, les contractions musculaires

troncs vasculaires, et, d'une autre part, qu'elle se trouve exactement mêlée avec le sang veineux, avant d'arriver dans les poumons.

La lymphe est composée d'un fluide albumineux contenant différens sels, et d'une petite quantité de fibrine.

[1] Quelques physiologistes pensent que l'absorption a lieu par *imbibition*. Mais, dans cette hypothèse même, ne faut-il pas admettre un mouvement vital dans les tissus où elle s'opère, un mouvement alternatif de dilatation et de contraction ? Car comment expliqueroit-on sans cela les choix qui président aux diverses absorptions, et les variations qu'elles éprouvent sous l'influence des causes qui les modifient sans altérer les tissus ? Or, ce mouvement vital peut-il être autre chose qu'un mouvement ondulatoire ? On voit donc que cette discussion se réduit à une dispute de mots.

qui accélèrent la marche des fluides qui y sont renfermés, et enfin l'air atmosphérique.

Les absorbans affectent une direction droite, et offrent peu de courbures ; leurs anastomoses sont moins nombreuses que celles des artères, ce qui, diminuant l'étendue des frottemens, y facilite l'ascension des fluides ; les troncs qui en résultent ont une capacité moindre que l'ensemble des rameaux qui les forment, de telle sorte que ces mêmes fluides arrivent dans des espaces de plus en plus étroits, ce qui en accélère la marche. Les veines ascendantes sont entrecoupées de valvules qui soutiennent le poids du sang et empêchent ce liquide de rétrograder. Ces valvules existent aussi dans les lymphatiques, où elles sont moins prononcées et se réduisent à de simples étranglemens, parce que, leur diamètre étant moins considérable, leurs parois résistent plus aisément au poids des liquides. Les deux veines caves, qui sont les deux grands aboutissans du système absorbant, ont dans la veine azygos un canal de communication qui, dans le cas où l'inférieure seroit comprimée par quelque engorgement de l'organe hépatique, assure le transport du fluide sanguin des viscères et des membres abdominaux dans les cavités droites du cœur.

Les organes voisins des absorbans, comme le tissu cellulaire qui les environne, les os, les tendons , les aponévroses , les muscles , etc. , sur lesquels ils rampent , favorisent leurs fonctions en soutenant leurs parois , et en les empêchant de se laisser distendre par l'effort des fluides , ce qui accélère la marche de ceux-ci vers le grand réservoir veineux.

Les contractions des muscles , et leur espèce de mouvement vibratile continuel , dont on a démontré l'existence dans un Mémoire sur l'influence du système musculaire sur la circulation[1], précipitent le cours des liquides absorbés vers les cavités droites du cœur et le système pulmonaire. Cela est surtout remarquable dans la cavité de l'abdomen, où le cours du sang veineux, du chyle et de la lymphe , est déterminé par la seule influence des contractions des muscles des parois abdominales que nécessite la respiration. C'est, en effet, par l'impulsion continuelle qu'ils éprouvent de la part des viscères abdominaux , mis sans cesse en mouvement par le diaphragme et les puissances musculaires expiratrices , que ces fluides suivent la direction de leurs conduits ; et cette impulsion leur étoit d'autant plus nécessaire, que, n'ayant point là le secours des valvules, car le système de la veine-porte en est entièrement dépourvu , leur transport hors de l'abdomen n'auroit pu s'effectuer.

---

[1] *Nouv. Bibl. méd.* , t. VIII, p. 137 et suiv.

L'air atmosphérique favorise les absorptions diverses, par la pression qu'il exerce sur la surface de notre corps : on sait, d'après le calcul des physiciens, que cette pression équivaut à un poids d'environ trente six mille livres [1].

Enfin la rate peut être encore considérée comme un adjuvant de l'absorption, en ce qu'elle sert de réservoir à l'excès du sang qui afflue dans le système veineux abdominal pendant l'exercice de la fonction digestive. On voit alors, en effet, cet organe se tuméfier, prendre une couleur bleuâtre, et la veine splénique elle-même se montrer distendue par le sang (Leuret et Lassaigne).

Tel est le mécanisme de la fonction absorbante, dont les divers produits forment, par leur mélange dans le système veineux, le fluide qui doit servir à l'entretien de nos organes.

Mais cette fonction présente plusieurs variétés remarquables dépendantes de l'âge, du sexe, de la constitution individuelle, des professions, de la manière de vivre.

Dans l'enfance, toutes les absorptions sont

---

[1] La surface du corps d'un homme de moyenne stature étant de 15 à 16 pieds carrés, il s'ensuit que la pression qu'elle éprouve de la part de l'air est égale à une colonne de mercure de même base et de 28 pouces de hauteur. Ce poids énorme est facilement supporté parce qu'il agit dans tous les sens, et qu'il se fait ainsi équilibre à lui-même.

promptes, énergiques, à cause des besoins pressans d'une organisation qui doit se développer, et de l'activité de sa fonction nutritive. Elles perdent de leur intensité d'une manière graduelle jusqu'à la puberté, et elles suivent la marche de l'accroissement du corps, qui se ralentit de plus en plus jusqu'à ce qu'il arrive à son terme. Elles demeurent stationnaires jusque vers le milieu de la vie, où elles commencent à s'affoiblir ; affoiblissement qui va sans cesse croissant jusqu'à la vieillesse, qui augmente encore dans la caducité, où les actions vitales finissent bientôt par s'éteindre pour toujours.

Il est à remarquer que, sur le déclin de la vie, c'est l'absorption cutanée qui perd le plus de son activité. La peau plissée, ridée, desséchée, comme durcie, ne peut, à cet âge, se prêter à l'accès des fluides dans les bouches absorbantes qui viennent s'y ouvrir, lesquelles d'ailleurs ont déjà perdu, comme tous les autres organes, une grande partie de leur force vitale. On sait que les frictions sur la peau sont presque de nul effet chez les vieillards, et que les maladies contagieuses dont le principe est dans l'air atmosphérique, les atteignent bien moins fréquemment que les jeunes individus.

Les absorptions veineuse et chylifère sont, comme la digestion, moins actives chez la femme que chez l'homme. Mais la lymphatique, et surtout celle qui s'exerce à la surface du système cutané, y a beaucoup plus d'énergie. Le tissu cellulaire, en effet, y est beaucoup plus développé, et toujours rempli de fluides ; ce qui étoit nécessaire pour rendre les formes douces et arrondies ; et le système cutané y est plus fin, plus souple, plus perméable, et possède d'ailleurs une plus vive excitabilité. Or, à une exhalation plus abondante de sérosité dans le premier, doit nécessairement correspondre une absorption plus active ; et tout ce qui concourt à rendre la marche des fluides plus rapide existant dans le second, celle des matériaux absorbés au-dehors doit y être et plus facile et plus prompte.

L'absorption, considérée dans les individus, varie selon les divers systèmes qui l'exercent. Les systèmes qui exercent la fonction absorbante n'ont pas tous la même activité dans les divers individus, où ils offrent, sous ce rapport, des variétés remarquables. Dans les uns, ce sont la cutanée et la pulmonaire qui prédominent ; ils éprouvent peu et rarement la sensation de la soif. Ces absorptions devoient être très-énergiques dans ce chevalier romain, dont parle, je crois, Montaigne, et qui, pendant la canicule, se rendit de Rome à Saint-Jacques de Compostelle, sans ingérer aucune boisson. Dans les autres, c'est celle du système cellulaire, où elle correspond à une exhalation abondante ; ils sont remarquables par leurs formes douces, arrondies, et leur embonpoint, et offrent le tempérament que l'on appelle *lymphatique*. Enfin il en est où la veineuse et la chyleuse l'emportent sur toutes les autres; leur nutrition est très-active, ils ressentent vivement et fréquemment la sensation de la faim. Ces deux absorptions coïncident toujours avec une digestion prompte et facile. Toutes ces variétés principales en offrent d'autres à leur tour, qui n'en sont que des nuances, et qui s'étendent à l'infini.

Celles que les professions déterminent ne sont pas moins remarquables. Des mouvemens violens, en activant toutes les actions vitales, en précipitant le cours du sang veineux, et en produisant une déperdition considérable d'élémens organiques, doivent nécessairement exciter la nutrition, et donner de l'énergie à la fonction absorbante. C'est ce que l'on observe, en effet, chez les individus livrés à des travaux pénibles, soutenus, et qui exigent de grands mouvemens du corps; la digestion y est prompte, et, par conséquent, l'absorption, qui lui est subordonnée, y a aussi beaucoup de rapidité. Dans ceux, au contraire, qui exercent une profession sédentaire, dont le corps est presque toujours en repos, ce sont les absorptions cutanée et pulmonaire qui suppléent la digestive, que le défaut de mouvement ralentit.

L'usage des bains favorise l'absorption de la peau. Un régime végétal lui donne de l'énergie, ainsi qu'à celle des lymphatiques de la muqueuse des poumons, pour remplacer les élémens nutritifs que ne peut fournir en quantité suffisante l'élaboration des alimens. On sait que l'on est d'autant plus susceptible d'être atteint des maladies contagieuses, que l'estomac est plus vide, le régime moins succulent, et que la digestion est moins parfaite. Un régime tonique, excitant, donne aux absorbans chyleux et veineux de l'activité en accélérant leur mouvement ondulatoire.

Toutes les fonctions qui influent sur la digestion, modifient aussi la fonction absorbante. Une contention d'esprit trop prolongée, une passion violente qui trouble l'élaboration des alimens, suspendent l'action des vaisseaux chylifères, mais elles activent celle des absorbans pulmonaires et cutanés. On sait que, pendant les épidémies contagieuses, la pusillanimité, la frayeur, qui affoiblissent la fonction digestive, rendent très-susceptible des atteintes de la contagion. Le sommeil excite l'absorption du chyle, en favorisant l'élaboration des substances alimentaires; mais il ralentit celle du sang veineux, par la suspension des contractions locomotrices; ce que l'on voit à la lenteur des battemens du pouls et des mouvemens de la respiration. La locomotion accélère, précipite la marche de tous les matériaux nutritifs dans les vaisseaux où ils sont renfermés, par le mouvement plus ou moins intense qu'elle leur imprime. Enfin la fonction digestive, en activant l'absorption veineuse, affoiblit la cutanée et la pulmonaire, qu'excite, au contraire, l'état de vacuité de l'estomac; ce qui explique le danger imminent qu'il y a à s'exposer, à jeun, à l'action des miasmes.

CHAPITRE TROISIÈME.

DE LA MODIFICATION DU FLUIDE NOURRICIER A LA SURFACE DE LA MUQUEUSE PULMONAIRE, OU DE LA RESPIRATION.

LE fluide nourricier, composé comme nous l'avons vu dans le chapitre précédent, du produit de la digestion ou du chyle, du résidu des nutritions organiques diverses ou du fluide absorbé par le système veineux, et enfin de tous les matériaux que charrie le système lymphatique, renferme des élémens hétérogènes dont il doit se débarrasser; et, de plus, il n'a point toutes les conditions qui lui sont nécessaires pour être propre à l'entretien de notre substance matérielle. Il faut donc qu'avant d'être distribué aux organes qu'il doit nourrir, il éprouve cette dépuration salutaire, et qu'il acquière les propriétés dont il est encore dépourvu. Or, c'est à la surface de la muqueuse pulmonaire que s'accomplissent ces importans phénomènes, dont l'ensemble porte le nom de *respiration*, parce que c'est l'air *respiré* qui les détermine.

Mais pour que ce fluide aériforme puisse agir, il faut, d'une part, que le liquide qu'il doit modifier soit exposé à son contact, et, d'une autre part, qu'il pénètre lui-même dans la cavité thoracique, où cette modification doit s'opérer ; ce qui nécessite un appareil de transport pour le fluide nourricier, et un mécanisme d'introduction pour l'air atmosphérique.

Lorsque les liquides absorbés sont arrivés, par les veines-caves, dans l'oreillette droite du cœur, cette poche musculaire entre en contraction et les fait pénétrer dans le ventricule avec lequel elle communique. Celui-ci alors se contracte, sa cavité se rétrécit dans toutes les directions, la valvule tricuspide se relève par la contraction des colonnes charnues qui s'attachent à ses bords libres, elle ferme la communication qui existe entre l'oreillette et le ventricule, et le fluide que celui-ci contient se trouvant pressé de toutes parts, est forcé de s'échapper à travers l'artère pulmonaire. Ce vaisseau réagit alors sur lui, les valvules sigmoïdes qui entourent son orifice s'abaissent et ferment toute issue au sang du côté du cœur ; ce qui l'oblige à se diriger dans les ramifications de l'artère, qui se répandent sur la muqueuse des poumons.

L'appareil qui introduit l'air atmosphérique dans l'organe pulmonaire, et qui l'y renouvelle, est le même que celui qui agit dans la fonction vocale (Voyez t. II, p. 231). Les muscles qui élèvent les côtes agrandissent le thorax dans le sens de ses diamètres antéro-postérieur et transversal, le diaphragme en augmente le diamètre vertical, et de cette ampliation générale de la cavité thoracique, il résulte un vide que remplit à l'instant même l'air extérieur. Les poumons alors se dilatent, favorisés dans ce mouvement par leur texture molle et spongieuse, par le tissu cellulaire qui unit lâchement entre elles les cellules qui le composent, par la dilatation active de ces mêmes cellules [1], et enfin par l'humeur onctueuse

---

[1] Cette dilatation est démontrée par une foule de faits physiologiques et pathologiques.

Si l'on ouvre un des côtés de la poitrine sur un animal vivant, on voit les poumons se dilater et se resserrer alternativement, indépendamment de l'influence du diaphragme et des muscles intercostaux (Voyez les expériences de M. Williams. *Lond. med. and. phys. Journ.*, june 1823). La respiration puérile des enfans, alors même que les mouvemens thoraciques ne sont pas plus développés que dans l'adulte, ne peut être attribuée qu'à une dilatation active plus considérable des vésicules pulmonaires. Le mouvement de la respiration n'est pas moins sensible, et souvent l'est davantage chez les vieillards, dont les côtes sont soudées aux vertèbres, et les cartilages ossifiés, que chez des individus bien moins âgés, et dont les parois thoraciques jouissent de toute leur mobilité; ce qui ne peut s'expliquer que par une dilatation plus considérable des vésicules bronchiques. Une inspiration médiocre ne rend pas le murmure respiratoire moins intense, qu'une plus étendue; ce qui ne seroit point, si l'influence du vide

dont la plèvre qui les enveloppe se trouve lubrifiée ; c'est là ce que l'on appelle *inspiration*.
Ensuite, les muscles expirateurs compriment les
poumons de bas en haut et les vident, par l'intermédiaire des viscères abdominaux qu'ils refou-
lent, tandis que, par leur mouvement d'élasti-
cité, les cartilages des côtes et leurs ligamens

agissoit seule, et qu'il n'y eût point une cause active, égale
dans l'une et dans l'autre, pour l'introduction de l'air. Bien
plus une inspiration médiocre, après que l'on a suspendu
pendant un certain temps la respiration, donne souvent au
murmure bronchique le caractère puéril, que l'on ne peut
déterminer par une inspiration plus profonde; ce qui ne peut
être attribué qu'à une dilatation active plus considérable des
vésicules pulmonaires, provoquée par le besoin de respirer.

Dans les plaies pénétrantes de la poitrine, le poumon s'é-
chappe quelquefois à travers l'ouverture produite par l'instrument vulnérant; or, on ne peut concevoir cette sorte de
hernie sans admettre une dilatation active de cet organe (Roux,
Mélanges de chirurgie et de physiologie, p. 87). Au reste,
et ce qui tranche toute difficulté, on a vu dans ces cas là portion du poumon faisant hernie, se contracter et se dilater alternativement. Dans un engorgement pulmonaire, la portion de
l'organe restée saine offre la respiration puérile; ce qui ne
pourroit avoir lieu s'il n'y avoit point une expansion active
dans les vésicules que l'engorgement n'a point envahi, et qui
alors se dilatent fortement pour suppléer celles où la respiration ne peut plus s'effectuer.

Enfin dans les pleurésies terminées par adhérence des poumons aux plèvres, au moyen d'une fausse membrane fibro-
cartilagineuse, cas où le murmure respiratoire ne s'entend
plus dans le côté affecté, ce murmure reparoît lorsqu'il sur-

articulaires, qui dans l'inspiration ont éprouvé une torsion plus ou moins considérable, ramènent ces os à leur situation primitive, diminuent par conséquent l'étendue des diamètres antéro-postérieur et latéral du thorax, et concourent ainsi à l'expulsion de l'air qu'il renferme. On donne à l'ensemble de ces mouvemens le nom d'*expiration* [1].

---

vient un engorgement pulmonaire du côté opposé (Laennec, *De l'Auscult. méd.*, 2ᵉ édit. , tom. II, p. 173); ce qui ne peut s'expliquer que par une augmentation d'activité dans la dilatation des vésicules bronchiques, pour suppléer les fonctions du poumon engorgé.

Il suit de tout ce que nous venons de dire que la circulation capillaire aérienne n'est nullement sous l'influence de la pesanteur de l'air extérieur, mais qu'elle est exclusivement déterminée par l'action vitale des tubes capillaires bronchiques et des vésicules auxquelles ils aboutissent; que l'action des muscles inspirateurs se borne à faire pénétrer l'air dans la trachée et les bronches, et que, sous ce rapport, ces muscles et ces conduits sont à la circulation aérienne, ce que le cœur et les artères sont à la distribution du fluide nourricier.

[1] L'expiration s'effectue en partie par la dilatation qu'exerce le calorique pulmonaire sur l'air inspiré (Legallois, Laennec, *De l'Auscultation méd.*, 2ᵉ édit., t. I, p. 3o3, note), et surtout par la contraction des cellules bronchiques.

Les mouvemens de dilatation et de contraction de ces cellules sont analogues à ceux des capillaires artériels, et déterminent la circulation aérienne, qui, sans la contractilité et l'expansibilité pulmonaires, ne pourroit s'exercer. Le système bronchique, en effet, va toujours en augmentant d'étendue,

C'est pendant les mouvemens inspirateurs que les phénomènes de la respiration s'effectuent ; l'air extérieur, mis en contact avec la surface de la muqueuse pulmonaire , agit sur le fluide nourricier que les ramifications de l'artère du même nom y ont apporté , et il résulte de cette action

comme le système artériel ; de sorte que, dans les vésicules, l'air inspiré n'est plus sous la puissance de la pression atmosphérique, comme , dans les capillaires artériels, le sang échappe à celle du cœur. Il falloit donc une autre force motrice pour le mettre en mouvement ; et cette force réside dans les fibres musculaires des capillaires bronchiques et des vésicules ; c'est ce que démontre d'ailleurs la suffocation qui arrive subitement après la section des pneumogastriques qui transmettent à ces fibres le principe de leur contractilité et de leur dilatabilité. Si l'on coupe, en effet, ces nerfs dans un animal vivant, même au dessous des récurrens pour rendre la glotte étrangère aux effets de l'expérience, il survient une dyspnée considérable et bientôt l'animal meurt asphyxié.

Un phénomène digne de remarque pendant que l'acte mécanique de la respiration s'effectue , c'est l'élargissement de la glotte pendant l'inspiration, et son rétrécissement pendant l'expiration. Le premier a lieu par l'action des crico-aryténoïdiens latéraux qui entraînent au-dehors et en bas les cartilages aryténoïdes ; il est destiné à faire pénétrer la plus grande quantité possible d'air dans les cellules des poumons. Le second est déterminé par la contraction des muscles aryténoïdiens ; son objet est de ne donner qu'une issue graduelle à l'air précédemment inspiré, et de prolonger ainsi son contact sur le sang veineux qui circule à travers les capillaires pulmonaires.

que ce fluide, qui étoit noirâtre, pesant, d'une température de 3o° (Réaumur) seulement, qui contenoit beaucoup de sérosité, qui se coagu-loit avec une certaine lenteur, et étoit impropre à exciter et à entretenir les fonctions de l'organisme, avant d'entrer dans le système pulmonaire[1], offre, à sa sortie de ce système, une couleur d'un rouge-vermeil, une pesanteur spécifique moindre, une température plus élevée de deux degrés, une sérosité beaucoup moins abondante, une coagulabilité remarquable, et la faculté de déterminer et d'activer tous les mouvemens vitaux.

Les expériences sur les animaux vivans donnent à la vérité de ces assertions le dernier degré d'évidence. Si dans un animal on s'oppose à l'accès de l'air dans les poumons en bouchant la trachée préalablement divisée, on le voit se débattre vivement et exercer de violens efforts pour respirer. Bientôt les ouvertures recouvertes d'une membrane muqueuse deviennent livides, le sang même que l'on obtient d'une artère divisée prend cette couleur, qui devient peu après noirâtre ; et si l'on continue de s'opposer à la respiration,

----

[1] Abandonné à lui-même, ce fluide se sépare en deux parties, l'une liquide, le sérum ; l'autre solide, le caillot. Le *sérum* est formé d'eau, d'albumine, et de plusieurs sels ; le *caillot* est composé de fibrine, d'albumine et du principe colorant, que l'on en sépare par le lavage.

l'animal tombe dans un état comateux, et ne tarde pas à périr. Mais si avant que la mort arrive, et pendant que les mouvemens de la respiration s'effectuent encore, on rend libre l'ouverture de la trachée, ou bien si, l'animal étant sans mouvement, on insuffle de l'air atmosphérique dans l'intérieur de ce conduit, la couleur du sang, de noirâtre qu'elle étoit, devient rutilante, et les fonctions vitales se rétablissent complètement ; preuve manifeste de l'influence de ce fluide aériforme sur le sang veineux exposé à son action.

Mais quel est le mode de cette influence? Comment l'air agit-il sur le liquide qu'il modifie? Que se passe-t-il dans les changemens qu'il lui fait éprouver? Les produits pulmonaires qui en résultent peuvent seuls nous l'apprendre.

L'air atmosphérique *inspiré* contient 0,21 de gaz oxygène, 0,79 de gaz azote, et une quantité à peine appréciable d'acide carbonique.

L'air *expiré*, dont toutefois les élémens varient dans leurs proportions selon une foule de circonstances qui s'opposent à ce que l'on puisse les apprécier d'une manière rigoureuse, contient beaucoup moins de gaz oxygène, et beaucoup plus, au contraire, de gaz azote et de gaz acide carbonique, que l'air inspiré[1] ; mais il en diffère

---

[1] *Journ. de physiol.*, t. IV, p. 143.

De 40 pouces cubes, auxquels s'élève le volume de l'ai

encore par la vapeur aqueuse, mêlée d'une matière odorante et putrescible qu'il renferme.

La diminution du gaz oxygène dans l'acte de
la respiration, démontre que ce fluide y subit une
combinaison particulière. Mais cette combinaison ne peut s'effectuer dans les cellules bronchiques, car la température des poumons ne diffère point sensiblement de celle des autres organes, comme cela devroit avoir lieu si réellement il s'y opéroit une sorte de combustion. Il
faut donc nécessairement que ce gaz agisse sur
le fluide nourricier dans les vaisseaux pulmonaires, où il pénètre par voie d'absorption.

La formation du gaz acide carbonique est un
produit de l'exhalation de la muqueuse, et les
expériences de M. Despretz [1], qui le regarde
comme l'effet d'une combustion, ne démontrent
autre chose, selon nous, que la présence de ce
gaz dans les fluides expirés, et nullement le mode
de formation auquel il l'attribue. Et il est d'autant
plus évident que l'exhalation pulmonaire le produit, qu'il se forme alors même que l'on n'ins-

---

inspiré, il est réduit, par la respiration, à 38 pouces, et il
ne contient, en général, que 0,14 de gaz oxygène. Au reste,
la quantité de ce fluide élastique offre, comme celle de tous
les autres gaz expirés un grand nombre de variétés individuelles.

[1] *Journ. de physiol.*, de Magendie, t. IV, p. 143 et suiv.

pirc que du gaz hydrogène[1]. On sait d'ailleurs que le sang veineux le contient en nature, et que chaque once de ce fluide en renferme deux pouces cubes, comme Ev. Home et Brande l'ont démontré.

La quantité du gaz acide carbonique exhalé dans la respiration est très-considérable. Elle est évaluée à 40,000 pouces cubes par 24 heures, ce qui représente environ douze onces de carbone solide, qui, dans ce court intervalle, sortent de l'organisation[2].

Le gaz azote qui entre comme élément dans

---

[1] *Journ. univ. des sciences méd.*, cahier de nov. 1824, p. 173 (Edwards).

[2] *Ibid*, t. XXIX, p. 144.
Le foie peut être considéré comme l'adjuvant du système pulmonaire, et la sécrétion biliaire comme une sorte de respiration. La fonction hépatique, en effet, concourt puissamment à l'hématose, comme le démontrent les faits suivans : 1° dans le fœtus, le foie est proportionnellement plus volumineux que dans l'enfant; il exerce pendant la vie utérine les fonctions du poumon; 2° il conserve une partie de son volume dans le premier âge, où ce dernier organe n'a pas encore acquis tout son développement, et ne peut, par conséquent, donner pleinement au fluide sanguin les conditions qu'exige la fonction nutritive; 3° le foie ne reçoit que du sang veineux, ou carbonisé, pour la matière de sa sécrétion ; 4° chez les individus où la respiration est imparfaite (phthisiques, etc.), cet organe s'infiltre de graisse comme pour suppléer les poumons dans la décarbonisation du sang; 5° un long repos, qui diminue l'exhalation de la peau, et, par conséquent,

l'air expiré, est toujours en quantité supérieure à celle que contient l'air atmosphérique, comme l'ont prouvé les nombreuses expériences de M. Despretz[1]; ce qui démontre évidemment une exhalation de ce gaz dans l'acte respiratoire.

Enfin la vapeur aqueuse que l'on trouve dans les produits de cette fonction, ne peut provenir, comme le gaz acide carbonique, que d'une sim-

---

l'élimination du carbone par cet émonctoire, convertit le foie en *gras* (exemples : les individus que de longues maladies condamnent au repos du lit, les oies que l'on emprisonne dans des caisses pour rendre *gras* leur organe hépatique); 6° lorsque l'excrétion de la bile est entravée par l'obstruction du canal cholédoque, ou lorsque la sécrétion de ce fluide est suspendue ou diminuée d'une manière sensible, le foie s'infiltre de graisse pour remplacer cette élimination, (*Voyez* une observation intéressante de ce cas dans la *Nouv. Bibl. méd.*, mai 1827, p. 258).

Qui sait si chez les individus qui ont la faculté de suspendre plus ou moins long-temps leur respiration, les plongeurs, par exemple, la sécrétion biliaire très-active ne supplée pas jusqu'à un certain point les fonctions du poumon? Qui sait encore si, chez ceux où le trou de Botal persiste après la naissance, et qui néanmoins n'offrent aucune teinte bleuâtre dans la couleur de la peau, et jouissent d'une santé parfaite, le foie ne conserve point le volume qu'il avoit pendant la vie utérine, ou du moins s'il ne jouit point d'un surcroît d'activité? Ce seroit là autant d'objets curieux de recherches qui pourroient mettre sur la voie de l'explication de beaucoup de phénomènes physiologico-pathologiques.

[1] *Journ. de physiol.*, t. IV, p. 143, et suiv.

ple exhalation: car une combinaison immédiate de l'oxygène de l'air avec l'hydrogène du sang à la surface même des poumons, ne sauroit avoir lieu sans déflagration, et sans un dégagement de calorique très-considérable ; et évidemment ces phénomènes n'ont point lieu.

Ainsi donc, dans l'acte de la respiration, l'oxygène de l'air inspiré est absorbé en partie, une exhalation d'azote est produite, il se forme aussi de l'acide carbonique et de l'eau ; et de tous ces phénomènes, dont le mécanisme est inconnu, il résulte, pour le fluide nourricier, un changement remarquable, qui le rend propre à entretenir la vie de l'organisation.

Mais bien que la respiration se compose de tous les phénomènes que nous venons d'exposer, et que ce soit à ces phénomènes que le sang doive la qualité vivifiante qu'il acquiert dans cet acte, il en est parmi eux un plus essentiel que tous les autres, et sans lequel, quand bien même ceux-ci auroient lieu, la fonction respiratoire ne pourroit s'effectuer, c'est l'action du gaz oxygène sur la muqueuse pulmonaire. Sans la présence, en effet, de ce fluide élastique dans l'air qui pénètre dans les vésicules des poumons, la vie ne tarderoit pas à s'éteindre, ce qui lui a fait donner, avec juste raison, le nom d'*air vital.* C'est sa diminution dans les lieux où il y a un grand rassemblement, qui rend, après un certain temps, l'air méphytique et *irrespirable*. Cet air se trouve alors surchargé de gaz azote, de gaz acide carbonique, et des différens fluides exhalés par la transpiration cutanée; et, s'il n'étoit renouvelé, les individus qui y demeureroient plongés, y trouveroient une mort inévitable.

Toutefois, l'action du gaz oxygène sur le fluide nourricier seroit nulle, et la vie ne pourroit se soutenir, si la muqueuse pulmonaire n'étoit mise en rapport avec lui par l'influence nerveuse. Ce sont les divisions pulmonaires des nerfs grands sympathiques, agens distributeurs du principe de la vie, qui transmettent à cette membrane la faculté de correspondre à l'action du gaz vivifiant.

On a attribué cette fonction importante aux pneumo-gastriques, et plusieurs physiologistes partagent encore cette opinion, se fondant sur l'asphyxie qui, bien que les mouvemens d'inspiration et d'expiration continuent à s'exercer, suit de près la section de ces nerfs, opérée même au dessous des récurrens pour rendre la glotte étrangère aux effets de l'expérience; mais si réellement ces nerfs animoient la muqueuse pulmonaire et la rendoient propre à remplir l'acte intime de la respiration, aucun résultat ne suivroit, après leur section, l'insufflation de l'air dans les voies aériennes; tandis qu'au contraire cette insufflation rétablit promptement les phénomènes chimiques de la fonction respiratoire, convertit à l'instant même le sang veineux en sang artériel, et en rétablit la circulation dans les capillaires du poumon. D'où l'on ne peut s'empêcher de conclure que la respiration n'est pas sous la dépendance immédiate des pneumo-gastriques, et que les filets pulmonaires du grand sympathique peuvent seuls en être les agens.

Remarquons, au reste, que les pneumo-gastriques naissent, comme tous les nerfs moteurs du système respiratoire, des colonnes latérales de la moelle épinière, et que d'ailleurs ils transmettent le principe de la contractilité aux muscles des voies aériennes et à la membrane musculeuse de l'estomac; ce qui autorise suffisamment à les considérer comme une puissance simplement motrice. Le grand sympathique, au contraire, a des connexions intimes, comme nous l'avons déjà dit, avec les nerfs sensitifs qui naissent des colonnes postérieures de la moelle épinière, et qui ne sont destinés qu'à distribuer le principe de la vie à toutes les parties de l'organisation; d'où l'on est fondé à inférer qu'il remplit les mêmes fonctions que ces divisions nerveuses; ce qu'attestent d'ailleurs et les parties auxquelles il se distribue, et le grand nombre de ses divisions et de ses anastomoses, et les graves désordres qui se développent lorsqu'on en opère la section. Quant aux phénomènes que détermine celle des pneumo-gastriques, ils s'expliquent aisément par la paralysie qu'elle détermine dans les fibres musculaires des capillaires et des vésicules bronchiques. On conçoit qu'alors l'air ne pouvant plus circuler dans ces vésicules, bien que les mouvemens des parois thoraciques continuent[1], la dyspnée doit nécessairement s'ensuivre, et enfin la suffocation. On conçoit aussi que le fluide sanguin n'éprouvant plus l'influence des contractions des fibres vésiculaires, se trouve ralenti dans son cours ; ce qui rend raison de l'engorgement que l'on remarque alors dans la muqueuse pulmonaire ; et si la mort a lieu subitement lorsqu'on coupe la moelle épinière à l'origine des pneumo-gastriques (Legallois), c'est qu'alors tous les phénomènes mécaniques de la respiration sont abolis, que l'air ne pénètre plus dans les organes pulmonaires et que l'influence du grand sympathique n'est plus d'aucun effet.

Mais quel est le mode d'action de la puissance nerveuse, transmise par ce nerf à la muqueuse pulmonaire? Comment détermine-t-elle les absorptions et les exhalations que cette membrane exerce? Par quel mécanisme enfin opère-t-elle la conversion du sang veineux en sang artériel? On l'ignore.

Ici se termine l'histoire du mécanisme de l'acte

---

[1] Nouvelle preuve que la circulation capillaire aérienne est exclusivement déterminée par les vésicules bronchiques.

respiratoire. Mais cette fonction offre, comme les fonctions précédemment exposées, des variétés que nous devons signaler. Ce sont celles qu'elle présente dans les âges, les individus, leurs professions diverses, les lieux qu'ils habitent, les climats et les saisons.

Dans l'enfant, la respiration a d'autant plus d'étendue, par la dilatation active des vésicules bronchiques, et est d'autant plus fréquente, qu'il se rapproche davantage de l'époque de sa naissance. Dans le premier âge de la vie, elle est fortement *puérile*, et offre, en général, trente-six inspirations par minute. On conçoit que la nutrition devant être extrêmement active à cet âge, pour l'accroissement du corps, il falloit nécessairement, d'une part, qu'un sang très-oxygéné, très-excitant, arrivât aux organes, et, d'une autre part, que ce fluide leur fût fourni avec une promptitude proportionnée à leurs besoins, et que, par conséquent, l'appareil organique chargé de le modifier, agit avec une égale rapidité, alors surtout qu'il n'est point encore développé d'une manière complète. Dans les âges suivans, où les organes pulmonaires prennent plus d'étendue, la dilatation bronchique diminue, et la respiration se ralentit, en même temps que la nutrition devient moins active ; et, dans l'adulte, elle a entièrement perdu son murmure puéril, et elle n'offre plus, par minute, que dix-huit inspirations. A cette diminution du nombre des mouvemens inspirateurs, et de l'intensité de la dilatation active des vésicules bronchiques, se joint, dans la vieillesse, celle de l'exhalation de l'acide carbonique et de l'azote, et de l'absorption du gaz oxygène, qui se ralentissent comme tous les autres mouvemens vitaux. De plus, à cet âge, une sécrétion muqueuse pulmonaire, produite par l'affoiblissement de l'exhalation cutanée, diminue les points de contact de l'air inspiré sur la membrane du poumon, et rend l'hématose moins parfaite. Voilà sans doute pourquoi les vieillards ont les veines gonflées et saillantes, le sang veineux noirâtre, et le teint d'une nuance approchant de la lividité[1].

Dans les individus, la respiration offre, sous ce rapport, des variétés très-sensibles. Dans les uns, les poumons sont vastes, la cavité thoracique a une grande étendue, ces organes s'y dilatent librement et avec une grande activité; leur vitalité est énergique, l'absorption de l'oxygène et toutes les exhalations pulmonaires sont actives, la sanguification s'effectue complètement:

---

[1] Il est deux autres causes de l'imperfection de la respiration chez le vieillard; ce sont l'affoiblissement du système musculaire, qui n'agit plus d'une manière aussi intense sur les côtes, et dilate moins complètement le thorax qu'auparavant, et l'ossification des cartilages de ces arcs osseux, qui concourt à rendre cette dilatation moins étendue.

ces phénomènes se manifestent au-dehors par
un murmure bronchique très-prononcé, par la
couleur brillante du teint, par l'incarnat des
lèvres, et par l'intensité de tous les mouvemens
vitaux. Dans les autres, au contraire, la poitrine
est étroite, resserrée, les poumons ne peuvent
se développer d'une manière complète, les vésicules bronchiques se dilatent foiblement, le
fluide nourricier y stagne, leurs fonctions ont
peu d'activité, l'hématose est languissante ; on
le reconnoît au peu d'intensité du bruit respiratoire, à leur teint pâle et plombé, à l'injection
des veines de la face, à la teinte violacée de leurs
lèvres, à leur température peu élevée, et à la
foiblesse de tous les mouvemens de l'organisation [1]. Une infinité de nuances se montrent entre
ces deux extrêmes.

Les professions diverses modifient la respiration d'une manière remarquable. Celles qui exigent de grands mouvemens du corps, de violens

---

[1] Il est cependant des individus chez lesquels le murmure pulmonaire est très-peu sensible, et qui néanmoins n'offrent aucun de ces signes, ne différant en rien extérieurement de ceux
dont les vésicules bronchiques entrent dans une grande dilatation. Cela provient sans doute de l'activité de ces vésicules
dans l'acte respiratoire, ou de ce qu'une hématose parfaite
leur est moins nécessaire, et que leurs organes ont moins
besoin d'un sang excitant, ou enfin de ce que le foie, très-
actif chez eux, supplée, en partie, les organes pulmonaires.

efforts musculaires, nécessitent souvent la suspension de l'inspiration ; ce qui produit la stagnation du fluide nourricier dans les vaisseaux
pulmonaires, et ralentit par intervalles la sanguification. Il en est d'autres qui, comme celle
des coureurs, par exemple, rendent plus fréquentes et l'inspiration et l'expiration, pour pro-
portionner ces deux mouvemens à la rapidité
qu'elles impriment à la marche des fluides dans
les vaisseaux chylifères, veineux, et lymphatiques. Enfin, il en est qui, telles que celle des
verriers, les ralentissent, et suppléent à leur
rareté en leur donnant plus d'étendue.

Mais une influence non moins active qui modifie la fonction respiratoire, c'est la nature de
l'habitation. Un lieu humide, où l'air est chargé
de molécules hétérogènes, impur, est bien
moins propre à l'hématose qu'une atmosphère
sèche et qui ne se compose que de ses élémens
naturels. Ainsi l'air des champs est bien plus
respirable que l'air des villes, celui des montagnes bien plus salubre que celui des plaines[1], etc.

---

[1] Il ne faut pas toutefois qu'elles soient trop élevées, car
alors, à cause de la diminution considérable de la pression
de l'atmosphère, et par la rareté de l'air, d'une part, le transport du fluide nourricier dans le système pulmonaire ne pourroit s'effectuer, et, d'une autre part, la respiration ne sauroit
avoir lieu. Lorsque l'on s'élève au-delà de 2000 toises, les
veines se gonflent, des hémorrhagies nazales et pulmonaires

III.   5

Aussi les individus qui vivent dans ces différens milieux , diffèrent-ils sensiblement les uns des autres , et par la couleur plus ou moins animée de leur teint , et par l'activité de leurs fonctions organiques.

Les climats et les saisons modifient la respiration d'une manière analogue. Dans les zones froides et en hiver, l'air atmosphérique est plus dense, contient plus de gaz oxygène sous un volume donné, que dans les régions opposées et dans la saison de l'été ; ce qui rend évidemment la sanguification plus parfaite. Mais à cette influence il s'en joint une autre non moins puissante ; c'est celle que le froid exerce sur la muqueuse pulmonaire, dont il excite les fonctions, comme on le voit par les phlegmasies que souvent il y développe et par la toux et l'expectoration qui en sont les effets. La toux est une expiration rapide, forte, comme convulsive avec constriction des bords de la glotte. On la fait précéder d'une profonde inspiration , afin d'introduire dans les cellules pulmonaires une quantité d'air capable d'entraîner complètement au-dehors , dans l'expiration qui la suit, les produits de la sécrétion pulmonaire [1]. Or , ce phénomène est

---

surviennent , la respiration devient haletante , on est près de suffoquer.

[1] La glotte se resserre, dans ce mouvement expiratoire, pour

toujours un signe de sur-excitation de la membrane d'où provient cette sécrétion muqueuse. Les saisons et les climats chauds agissent, sous ce rapport, d'une manière opposée ; en excitant vivement les fonctions du système dermique, ils affoiblissent proportionnellement celles des organes internes en général, et surtout celles de la muqueuse pulmonaire.

Mais ce ne sont point seulement les choses extérieures qui modifient la respiration. Les autres fonctions organiques exercent aussi sur elle des influences manifestes. Ainsi la membrane nazale, lorsqu'une vive lumière l'irrite par l'intermédiaire des nerfs que lui fournit la cinquième paire, détermine l'éternument, qui diffère de la toux en ce que l'ouverture de la glotte se dilate au lieu de se resserrer comme dans celle-ci, et en ce que l'air expiré est dirigé, par l'élévation de la base de la langue qui ferme alors l'isthme du gosier, à travers les arrière-narines [1]. Cer-

---

donner plus d'intensité à la force expulsive du courant aérien.

[1] L'action du *moucher* s'exerce par le même mécanisme; une inspiration profonde remplit les poumons d'air, une vive et brusque expiration l'en expulse; en même temps que la base de la langue s'élève et ferme l'isthme du gosier, et que le voile du palais se relève et rétrécit les ouvertures postérieures des fossés nazales, pour donner plus d'intensité au courant aérien qui doit les parcourir.

taines affections morales vives produisent les soupirs et les sanglots, dont nous avons parlé en traitant des fonctions expressives. Une locomotion précipitée entraîne toujours une respiration fréquente, pour mettre cette fonction en harmonie avec l'absorption, dont les mouvemens locomoteurs accélèrent alors le cours. Lorsque la locomotion est trop prolongée, le cerveau dont ils rendent la circulation plus active, finit par s'engorger; son influence sur le système pulmonaire diminue, la respiration languit, et c'est pour la ranimer qu'il se développe instinctivement une inspiration profonde, suivie d'une lente expiration, qui donne à l'air le temps d'agir sur le sang qui circule à la surface des vésicules pulmonaires. Cette inspiration, qui s'exerce en même temps que la bouche s'ouvre largement pour donner accès à une quantité d'air plus considérable, et cette expiration prolongée, forment ce que l'on appelle le *bâillement*. Le sommeil agit à l'inverse de la fonction locomotrice; le repos du système musculaire y ralentit évidemment l'absorption, et par suite la fonction respiratoire; aussi les mouvemens d'inspiration et d'expiration y sont–ils plus rares que dans la veille. La digestion, qui gêne la dilatation verticale du thorax par l'obstacle qu'opposent les alimens aux contractions du diaphragme, accélère la respiration, pour suppléer, par la fréquence qu'elle y provoque, à l'étendue qu'elle lui ravit[1]. Elle produit encore, lorsque l'estomac, trop surchargé d'alimens, sur-excite sympathiquement les nerfs diaphragmatiques, une inspiration convulsive et bruyante par le resserrement de la glotte, et qui constitue le *hoquet*.

Mais si la respiration est influencée par les autres fonctions organiques, elle agit à son tour sur plusieurs d'entre elles, et concourt à leur accomplissement. Elle facilite, par ses profondes et fixes inspirations, divers mouvemens du corps, en donnant des points d'appuis solides aux muscles des parois abdominales. Ses mouvemens d'inspiration et d'expiration excitent la fonction digestive, par les impulsions qu'ils communiquent à tous les viscères abdominaux ; elle favorise, par les mêmes mouvemens, le cours des fluides absorbés dans l'abdomen, et leur transport dans la veine – cave et le canal thoracique. Enfin elle détermine en grande partie, par ses mouvemens expirateurs, l'accès du fluide nourricier dans les cavités droites du cœur, et de là dans le système pulmonaire. Dans ces mou-

---

[1] Comme le poumon ne peut se dilater complètement à cause de la plénitude de l'estomac, il en résulte aussi que la voix n'a pas autant d'intensité que pendant la vacuité de ce viscère. Voilà pourquoi les chanteurs ne peuvent point développer tout leur talent immédiatement après un repas trop copieux.

vemens, en effet, les cellules bronchiques cessant d'être distendues par l'air et de comprimer les vaisseaux pulmonaires, le sang veineux y arrive et les parcourt avec plus de facilité. Cette influence est manifeste d'après celle de l'inspiration, qui produit des phénomènes contraires, fait refluer le sang veineux jusque dans le cerveau, et y détermine ce mouvement particulier de dilatation, d'expansion qu'on y observe, et qui est bien différent de celui d'élévation en masse que lui impriment, à sa base, les vaisseaux artériels [1].

Le fluide nourricier, ainsi favorisé dans son cours, et modifié, comme nous l'avons fait voir

---

[1] Voyez *Nouv. Bibl. méd.*, mai 1828, p. 257, et *Journ. de phys.* de Magendie, avril et juillet 1828, p. 297; *Recherches sur la force du cœur aortique*, par le docteur Poiseuille.

Il est à remarquer que la stagnation du sang dans les vaisseaux pulmonaires, pendant l'inspiration, est très-propre à favoriser sa modification par l'air atmosphérique.

C'est à l'influence de l'inspiration sur le cours du sang dans les organes pulmonaires, qu'il faut attribuer l'engorgement général du système veineux pendant les grands efforts musculaires, où la circulation se suspend dans une inspiration profonde et soutenue; engorgement que l'on a vu produire la paraplégie par son excès dans la région inférieure du rachis (*Nouv. Bibl. méd.*, février 1828, p. 164), et souvent l'apoplexie, par la distension outre mesure des veines encéphaliques.

plus haut, dans sa nature, par la fonction respiratoire, est distribué à tous les organes par le mécanisme que nous allons exposer dans le chapitre suivant.

CHAPITRE QUATRIÈME.

DE LA DISTRIBUTION DU FLUIDE NOURRICIER.

———

Après que le produit général de la fonction absorbante a éprouvé, dans les ramifications de l'artère pulmonaire, l'action du gaz oxygène, et que l'exhalation des capillaires qui terminent ces ramifications l'ont débarrassé de l'excès de carbone et d'azote qu'il renfermoit, un autre ordre de vaisseaux s'en emparent. Ce sont les ramifications des veines pulmonaires, qui s'abouchent avec celles de l'artère du même nom, et qui le transportent dans l'oreillette gauche du cœur[1]. Alors cette poche membrano-musculeuse se contracte[2]; et, comme son mouvement a lieu en

[1] Les veines pulmonaires sont pourvues de nombreuses valvules qui empêchent le sang de rétrograder (Mayer de Bonn, *Nouv. bibl. méd.*, septembre 1828).

[2] Les contractions du cœur sont sous l'influence des nerfs pneumo-gastriques, et des corps olivaires du segment basilaire (Serres, *Anat. comp. du cerveau*, t. II. ch. 8.).

même temps que la contraction de l'oreillette droite, le fluide qu'elle renferme trouvant, dans celui que cette dernière chasse dans les vaisseaux pulmonaires, un obstacle à son retour vers le poumon, est forcé de se rendre dans le ventricule gauche, qui alors se trouve vide, et qui se dilate pour le recevoir. Ce dernier se contracte à son tour, et comme cette contraction coïncide avec celle du ventricule droit, et par conséquent pendant la vacuité de l'oreillette droite, le fluide, sur lequel il agit, retenu par la valvule mitrale, qui l'empêche de refluer dans l'oreillette gauche, suit la direction dans laquelle il éprouve le moins de résistance, et pénètre dans l'aorte, tronc principal du système artériel. Alors ce vaisseau se contracte, et les valvules sigmoïdes situées à son origine s'opposant au retour du sang dans le ventricule gauche, ce fluide se répand dans toutes les divisions artérielles, qu'il dilate et déplace par un mouvement d'impulsion, ce qui constitue le *pouls*, aux régions où ce mouvement est sensible par la proximité des vaisseaux. De là il se rend dans les capillaires organiques, d'où il est transporté dans les cavités droites du cœur, comme nous l'avons dit en parlant de l'absorption[1].

---

[1] La quantité du sang que renferme chaque cavité du cœur a été évaluée à deux onces.

Outre le mouvement que le cœur communique à l'ensemble du système artériel, il s'en imprime un à lui-même qui est perceptible entre les cartilages des cinquième et sixième vraies côtes du côté gauche, où il fait sentir ses battemens d'une manière très-marquée. A mesure que les deux ventricules se contractent, les courbures de l'aorte et de l'artère pulmonaire se redressent par l'effort du sang qui y est poussé, et elles font exécuter au cœur un mouvement de quart de cercle d'arrière en avant et de bas en haut, qui porte la pointe de cet organe vers le lieu ci-dessus indiqué. La distension des oreillettes par le sang qui y arrive des veines caves et des veines pulmonaires pendant la vacuité des ventricules, et par celui qui reflue de ces derniers pendant leur contraction, et la réaction de la colonne vertébrale, sur laquelle elles reposent, concourent à ce mouvement.

C'est un phénomène admirable que l'harmonie qui existe entre les contractions des oreillettes et des ventricules du cœur, pour l'accomplissement de l'absorption du fluide nourricier, de son transport dans les vaisseaux pulmonaires, et de sa distribution dans toutes les parties de l'organisation. Le ventricule gauche se contracte au moment où l'oreillette droite se dilate et s'ouvre au sang que celui-ci lui envoie ; ce qui favorise évidemment le cours de ce fluide, sa distribution dans les tissus, et l'absorption du résidu de la fonction nutritive. D'un autre côté, la contraction du ventricule droit et la dilatation de l'oreillette gauche sont simultanées, ce qui fait que le sang traverse librement les ramifications de l'artère et des veines pulmonaires, y éprouve les modifications qui doivent le rendre propre à l'excitation et à la nutrition de l'organisme, et se rend sans obstacles dans les cavités gauches du cœur.

Un autre phénomène digne de remarque, c'est l'indépendance des mouvemens du cœur, de l'influence du sang qui en remplit les cavités diverses. Cet organe, en effet, séparé d'un animal vivant, se contracte et se dilate encore pendant un certain temps, quoique vide, avec assez de force pour démontrer que ses contractions et ses dilatations sont actives, et ne dépendent point exclusivement de l'impression du sang sur ces parois. Mais quelle est donc la source de ses mouvemens? Où en réside le principe....? Dans la moelle épinière, car la destruction de cette moelle les anéantit complètement; et s'ils persistent pendant un certain temps dans l'expérience que nous venons de rapporter, c'est sans doute parce que les nerfs cardiaques renferment encore une certaine quantité de l'agent nerveux qui les produit, ce qui explique pourquoi alors ils sont plus foibles que lorsque le cours de ce principe n'est point interrompu.

Les contractions du cœur sont très-énergiques ; et bien que l'on ne puisse évaluer mathématiquement le degré de leur puissance, que Borelli n'a pas craint de comparer à un poids de cent quatrevingt mille livres, on peut dire qu'elles ont une très-grande intensité. Toutefois, elles ne pourroient suffire à la transmission du fluide nourricier aux tissus des organes, si les tubes artériels, qu'il parcourt pour y arriver, n'étoient eux-mêmes doués d'une force contractile capable d'en soutenir et d'en accélérer le cours. Le système artériel, en effet, va toujours en augmentant d'étendue, de sorte que le sang poussé par le ventricule gauche du cœur trouve dans sa marche un espace de plus en plus considérable, ce qui ralentit de plus en plus le mouvement que cet organe lui a imprimé [1]; mouvement qui est encore sans cesse affoibli par les anastomoses, les courbures, les flexuosités artérielles, et l'étendue toujours croissante des frottemens, de sorte qu'il est évident que son cours seroit bientôt interrompu, si les artères ne lui donnoient une impulsion nouvelle.

Mais ces vaisseaux sont évidemment contrac-

---

[1] Le sang, d'après le calcul des physiologistes, parcourt environ 8 pouces par seconde.

tiles ; le doigt introduit dans l'artère d'un animal vivant y éprouve une compression sensible ; les artères ont, pendant la vie, un calibre moindre qu'après la mort ; elles font entendre au stéthoscope, dans certaines circonstances, un bruit de soufflet, qui ne peut provenir que d'une contraction active dans les points où il se développe ; leur degré de tension est variable, comme on le voit dans les modifications que présente le pouls sous ce rapport ; elles sont aussi susceptibles de battemens partiels dans les phlegmasies locales. Or, tous ces phénomènes ne démontrent-ils pas, d'une manière évidente qu'elles sont animées d'une force active qui en contracte les parois ?

L'organisation des artères est parfaitement en harmonie avec les fonctions qu'elles ont à remplir. Leur épaisseur, et, par conséquent, leur force de contraction va croissant à mesure qu'elles s'éloignent du cœur et qu'elles se subdivisent, parce que le sang, dont la marche se ralentit sans cesse en traversant le système artériel, a besoin, dans son cours, d'impulsions sans cesse renouvelées et d'une intensité toujours croissante, pour conserver son mouvement.

C'est dans la tunique moyenne des artères que réside leur force contractile. Composée de fibres jaunâtres disposées comme en spirale, et que plusieurs physiologistes considèrent comme musculaires, cette tunique accélère seule le cours du sang en se resserrant activement sur ce fluide, qui l'a préalablement distendue, et qu'elle force à continuer sa marche et à se diriger vers les tissus organiques. Si, par quelque circonstance particulière, ses fibres viennent à se déchirer, le cours du sang se ralentit dans les points de l'artère qui sont le siége de la lésion ; les autres tuniques, l'interne et l'externe, qui n'exercent aucune action sur lui, sont distendues par ses impulsions, et il en résulte une sorte de poche dont l'étendue va sans cesse s'accroissant, et à laquelle on a donné le nom d'*anévrisme*.

Le fluide nourricier, maintenu ainsi dans son mouvement par les tubes artériels qui le renferment, arrive dans les organes qu'il doit entretenir. Là, il entre sous la dépendance d'un autre ordre de vaisseaux ; ce sont les capillaires des tissus, qui s'anastomosent entre eux dans mille points divers, et qui, après que leur exhalation nutritive s'est accomplie, le transportent par un mouvement ondulatoire dans les capillaires veineux, comme nous l'avons dit en parlant de l'absorption[1].

La circulation des capillaires nutritifs est in-

---

[1] La capacité des veines, estimée d'après leur nombre, qui est bien supérieur à celui des artères, est à celle de ces vaisseaux :: 9 : 4. Cela étoit nécessaire, parce que le cours du sang y ayant beaucoup moins de rapidité, ce fluide devoit y trouver plus d'espace.

dépendante de l'impulsion du cœur et des artères ; sa rapidité différente dans les divers organes, les variations qu'elle éprouve, les accé-
lérations et les ralentissemens manifestes qui y
surviennent naturellement ou que l'art y détermine, sans aucune altération du rhythme de la
circulation artérielle, démontrent évidemment
toute son indépendance de cette circulation, et
prouvent qu'elle n'a sa source que dans l'action
vitale des organes, et, par conséquent, dans
l'influence du système nerveux.

C'est donc sous cette influence que le fluide
nourricier, transmis par les artères aux capillaires
organiques, se distribue à tous les tissus. Mais
cette distribution varie, comme toutes les autres
fonctions, par son activité plus ou moins considérable dans les divers âges, les sexes, les individus, etc.

Dans les premiers mois de la vie, le cœur, qui
est d'ailleurs, ainsi que les artères, proportionnellement plus volumineux à cette époque que
dans tout autre âge, se contracte cent quarante
fois par minute, le mouvement contractile des
artères, celui des capillaires qui les terminent,
sont rapides et énergiques, et cela à cause de
l'activité de la fonction nutritive, qui, à cet âge,
est portée au plus haut degré. Mais peu à peu
tous ces mouvemens se ralentissent et perdent
de leur intensité, avec ceux qui président aux

nutritions organiques : à un an, le pouls ne bat plus que cent vingt fois par minute ; on ne compte que cent dix battemens à deux ans, quatre-vingt dix à trois ans, quatre-vingt-cinq à sept ans, quatre-vingts à la puberté, soixante-dix dans l'âge viril, soixante dans la vieillesse, où la nutrition commence à languir, et de quarante à cinquante dans la caducité, où elle est près de s'éteindre.

La femme ne diffère pas sensiblement de l'homme, sous le rapport de la fréquence du pouls. C'est ce que nous ont démontré nos observations particulières, faites sur un assez grand nombre d'individus. Mais le mouvement d'impulsion qui le produit y est moins intense, ce qui provient d'une énergie moindre dans les contractions du cœur. De plus, le volume de cet organe n'y est pas aussi considérable ; d'où il suit que, dans un temps donné, il s'en échappe une moindre quantité de sang. Et ici l'on remarque une harmonie évidente entre la masse du fluide nourricier qui arrive aux organes, et la fonction qui doit l'assimiler à leurs tissus, et qui est moins active chez la femme que chez l'homme. Les artères elles-mêmes, dont les parois sont moins fermes, moins contractiles, concourent à régler sur cette même fonction le cours du sang qu'elles reçoivent, en réagissant sur ce fluide avec moins d'intensité.

Parmi les divers individus, les uns ont le cœur

volumineux, très-énergique, les artères amples, à parois consistantes, d'une grande contractilité, et les capillaires qui en naissent très-actifs; ils sont remarquables par un pouls plein, très-développé, fort, dur, vite, et plus ou moins fréquent. Ils possèdent cet état de l'organisation appelé *tempérament sanguin* par les physiologistes. Dans les autres, au contraire, le cœur a un volume moins considérable ; ses contractions sont foibles, les parois artérielles sont molles, peu contractiles, et les canaux qu'elles forment, d'un diamètre peu étendu ; ils ont le pouls petit, mou, foible, et en général lent. Il en est qui allient à un cœur volumineux et dont les contractions ont beaucoup d'intensité, des parois artérielles peu consistantes; leur pouls, quoique très-développé, offre une grande mollesse. On en rencontre encore dont les battemens artériels ont peu d'étendue, mais offrent beaucoup de résistance au doigt qui les explore; ce qui tient aux dimensions peu considérables du cœur et des artères, et à la tonicité des parois de ces vaisseaux. Dans ceux-ci les battemens du cœur sont égaux et réguliers. Dans ceux-là, ils sont inégaux, et les intervalles qui les séparent sont variables. En un mot, le volume et les degrés différens de contractilité du cœur et des artères, les rhythmes divers de leurs mouvemens, les variétés de consistance vitale de ces dernières, sont autant d'élémens qui, en se combinant entre eux de mille manières, donnent naissance à toutes les variétés que l'on observe dans le pouls des divers individus.

Les professions influent sur la fréquence de ce mouvement artériel, les unes, en activant directement l'influence nerveuse qui détermine les mouvemens du cœur; les autres, en accélérant la fonction absorbante. Aux premières se rapportent celles qui exigent l'exercice de l'imagination, comme la culture des beaux-arts par exemple; aux secondes appartiennent toutes celles qui nécessitent des mouvemens musculaires soutenus et d'une intensité plus ou moins considérable.

Il faut distinguer aussi, dans les professions, celles où le corps est situé verticalement et celles où il se trouve plus ou moins incliné, ou fléchi dans ses diverses parties. Dans les premières, la pesanteur agit avec toute son intensité sur le sang artériel, dont elle accélère le cours dans le tronc et les membres, dont elle ralentit la marche dans l'encéphale; ce qui étoit nécessaire à cause de la délicatesse de cet appareil nerveux. Elle agit aussi, mais en sens inverse, sur le sang veineux, dont elle retarde l'ascension dans le tronc et les membres, comme on le voit dans la tuméfaction des extrémités inférieures qui survient après un trop long exercice, et par les varices dont sont principalement atteints ceux qui se tiennent long-temps debout. Elle facilite, au contraire, le cours du sang veineux de l'organe encéphalique.

Remarquez que l'influence de la pesanteur sur la circulation du tronc et des membres est très-propre à en favoriser la nutrition, tandis qu'elle met à l'abri l'appareil nerveux intra-cranien, d'engorgemens funestes.

Dans les professions où le corps n'a point une situation verticale, on peut, d'après les faits que nous venons d'exposer, déduire tous les effets de la pesanteur dans les positions diverses qu'il peut affecter, et dans celles de ses différentes parties.

Outre les causes dont nous venons de parler, il est d'autres influences qui modifient sensible-ment la distribution du fluide nourricier. Ainsi les *idées affectives* précipitent ou suspendent les mouvemens du cœur; en déterminant sur cet organe une irradiation de la puissance nerveuse par la réaction de l'encéphale qui les suit, ou en arrêtant celle que cet appareil nerveux y projette; la locomotion les accélère en activant le cours des fluides que l'absorption dirige vers ses cavi-tés droites [1]; le sommeil les ralentit par un effet

---

[1] La locomotion favorise aussi la marche du sang dans le système artériel, comme celle des autres fluides, ainsi que nous l'avons démontré dans notre *Mémoire sur l'influence du*

opposé; la digestion agit comme la locomotion, mais par un double mécanisme : d'abord, en augmentant la quantité du fluide nourricier par le chyle qu'elle y ajoute, ce qui nécessite une augmentation de vitesse dans les mouvemens du viscère qui doit le distribuer à toute l'organisation; et ensuite en donnant, par l'intermédiaire de la puissance nerveuse, une nouvelle intensité aux contractions de ce viscère. De là vient cette espèce de réaction fébrile qui se développe au moment où la digestion commence, et qui persiste jusqu'à sa fin. De même que cette fonction, l'absorption et la respiration, lorsqu'elles sont très-actives, rendent plus nombreuses, dans un temps donné, et plus intenses, les contractions du cœur; car il faut nécessairement que l'énergie de l'organe chargé de distribuer le fluide nourricier, se trouve en harmonie avec celle des systèmes absorbant et respiratoire qui le lui amènent; et c'est sans doute là une des causes des variétés que présente le pouls dans les divers individus.

Mais si la distribution du fluide nourricier est modifiée d'une manière si puissante par les autres fonctions, elle exerce aussi sur elles une influence que l'on ne sauroit révoquer en doute.

---

système musculaire sur la circulation, publié dans le 8° vol. de la Nouvelle Bibliothèque médicale.

Elle entretient ou ranime l'activité vitale des appareils sensitifs, de l'encéphale, des instru‑mens des fonctions expressives et de la locomo‑tion ; et la digestion, l'absorption, la respiration elles-mêmes, qui lui fournissent le fluide sur lequel elle s'exerce, en reçoivent le principe vi‑vifiant de leurs appareils ; elle est en un mot la source de toutes les alimentations organiques, dont l'ensemble constitue ce que l'on appelle la *nutrition*.

CHAPITRE CINQUIÈME.

DE LA NUTRITION.

CETTE fonction est la plus importante de l'organisme, et le but de toutes celles que nous venons d'exposer. Ce seroit en vain que la digestion auroit préparé un fluide nourricier, que l'absorption l'auroit transporté dans l'appareil pulmonaire, que cet appareil l'auroit modifié convenablement, et que le cœur et les artères l'auroient distribué à tous les organes, si ceux-ci n'avoient la faculté de s'en nourrir.

Nul doute que nos élémens constitutifs se renouvellent sans cesse; les os des animaux que la racine de garance mêlée à leurs alimens a teint en rouge, reprennent peu à peu, après la cessation du mélange, leur primitive couleur. Il y a donc ici soustraction, élimination de molécules artificiellement colorées, et, par conséquent, décomposition évidente d'un tissu; ce qui démontre celle de tout le reste de l'organisme. On sait d'ailleurs que l'abstinence diminue le volume de nos organes, ce qui provient incontestablement de ce que les vides qu'y déterminent continuellement les absorbans, ne sont pas proportionnellement remplis. Ainsi donc, nos élémens matériels, sans cesse expulsés au-dehors, sont sans cesse remplacés par de nouvelles molécules organiques, de telle sorte que l'on peut dire qu'après un certain temps, dont on ne peut fixer la durée, à cause des variations qu'éprouvent les innombrables circonstances qui activent ou ralentissent nos mouvemens vitaux, notre organisation se trouve entièrement renouvelée [1].

Mais, pour que ce renouvellement ait lieu, il faut que nos organes s'assimilent les matériaux que la circulation leur fournit, et qu'ils réparent ainsi leurs pertes continuelles.

Cet acte, par lequel toutes nos parties élaborent les élémens nutritifs que les capillaires qui les traversent viennent y déposer, cette fonction dans laquelle ils se les approprient, les convertissent en leur propre substance, est un des

---

[1] Si les substances colorées que l'on introduit dans le tissu de la peau, au moyen des piqûres, ne disparoissent jamais, c'est que, par leur nature, elles ne sont point susceptibles d'être absorbées ; et si les taches congéniales persistent toute la vie, c'est que la nutrition vicieuse qui les a produites ne cesse point de s'exercer (Richerand).

plus mystérieux phénomènes de notre organisation.

Les ramifications artérielles qui se distribuent dans tous nos tissus, qui s'y anastomosent, qui s'y subdivisent à l'infini, laissent échapper des pores dont ils sont criblés, le sang, dont les globules colorés sont plus ou moins sensibles, selon que les capillaires qui le renferment ont plus ou moins de volume et en contiennent, par conséquent, une plus ou moins grande quantité ; ce qui détermine la couleur plus ou moins rouge de nos organes [1].

Mais par quel mécanisme ces pores exhalent-ils dans chacun d'eux les élémens matériels qui leur conviennent? Par quelles affinités vitales, comment les organes modifient-ils eux-mêmes ces élémens, de manière à leur imprimer leur propre nature, à les convertir en leur tissu? Est-ce l'influence nerveuse qui préside à cette modification importante? Un membre paralysé, et qui ne transmet plus à l'âme les impressions extérieures qu'il reçoit, s'atrophie. Sans doute,

---

[1] Dans les muscles, par exemple, les capillaires sont plus développés, les globules rouges plus rapprochés, plus nombreux, que dans les ligamens, les os, les cartilages, et tous les tissus qu'on appelle *blancs*, et qui n'ont cette couleur que parce que ces globules y sont rarement disséminés, disposés, pour ainsi dire, un à un, à cause de la petitesse du calibre de leurs capillaires (Richerand).

ce phénomène est en grande partie produit par l'inaction des muscles ; mais enfin cette inaction n'est-elle pas l'effet direct de l'absence de l'afflux nerveux dans leurs fibres ? Et n'est-ce pas cet afflux qui est le principe de leur vitalité ? Qui ne sait, d'ailleurs, le rôle essentiel que joue l'électricité dans les combinaisons réciproques des substances inorganiques ? Pourquoi la puissance nerveuse, qui a tant de rapport avec elle, n'agiroit-elle point dans celles qui se passent dans nos tissus ?

Quoi qu'il en soit, il demeure évident, puisque les veines qui s'abouchent directement avec les capillaires artériels n'en recoivent plus qu'un sang altéré, que ce fluide a été dépouillé dans ces derniers vaisseaux de ses principes alimentaires ; et comme chaque organe diffère des autres par la nature de son tissu, il faut nécessairement admettre que les capillaires artériels versent dans chacun d'eux les élémens constitutifs qui leur conviennent.

Ces vaisseaux ont donc, dans chacune de nos parties, des propriétés particulières, et la faculté de décomposer le fluide sanguin par des modes d'action en rapport avec la nature diverse de nos tissus. Ainsi, ceux des muscles ne sont pas les mêmes que ceux des os, ceux du foie diffèrent essentiellement de ceux de la rate, etc. ; et notre organisation, considérée sous ce rapport, offre un ensemble d'organes, à chacun desquels correspondent des capillaires d'un mode d'action particulier.

D'un autre côté, ces mêmes organes, qui ont reçu dans leur tissu les élémens de leur nutrition, sont aussi doués de la faculté de les modifier, de les convertir en leur propre substance, et c'est par cette transformation merveilleuse qu'ils opèrent leur nutrition. Mais ce qui est non moins admirable, c'est que cette transmutation embrasse, non seulement la structure, la consistance, la couleur, etc., des organes, mais encore jusqu'à leur forme et à leurs dimensions! Quelle est donc cette puissance inconnue qui trace les lignes de leur surface, et qui met des bornes à leur accroissement? Qui a établi en nous ces lois immuables qui dirigent ainsi notre substance matérielle, et qui se transmettent de race en race par la génération? En un mot, qui a circonscrit la matière nutritive dans des limites qu'elle ne peut franchir, si ce n'est l'Être tout puissant, également grand dans toutes ses œuvres, qui a dit à la mer, au commencement des choses : *Là viendront se briser tes flots*[1] ?

---

[1] Il est évident que la matière ne peut s'organiser elle-même : car, pour que son organisation fût son propre ouvrage, il faudroit ou que le hasard y présidât, ou que chacun de nos élémens organiques fût doué d'intelligence, connût les fonc-

Ainsi donc le sang transporté par les artères dans chacune de nos parties, s'y dépouille de tous ses principes nutritifs, et arrive aux capillaires veineux qui s'abouchent avec les artériels, ayant perdu sa couleur rutilante, une partie de

tions qu'il aura à remplir, et se rangeât de lui-même à la place qu'il doit occuper dans le système de nos appareils.

Mais, en premier lieu, le hasard n'est qu'un vain mot, qui ne fait qu'exprimer l'ignorance où nous sommes des rapports de certains événemens ou de certains phénomènes avec les causes qui les produisent. Et d'ailleurs qui pourroit admettre le hasard, chose si inconstante et si variable, dans la production si constante et si régulière de notre organisation.

En second lieu, comment une matière, d'abord brute et non organisée, pourroit-elle comprendre l'organisation qu'elle doit former, et se mouvoir ensuite d'elle-même pour exécuter le plan qu'elle auroit conçu, elle qui est inintelligente, inerte, et qui ne se meut jamais spontanément? Ou bien, comment cette même matière pourroit-elle, de son propre mouvement, exécuter ce plan sans le comprendre? Car, il n'y a point de milieu, ou il faut admettre que les alimens dont nous nous nourrissons, que l'air que nous respirons, sont doués d'intelligence, et comprennent toute notre structure, ce que sans doute on rougiroit de supposer; ou bien que, sans intelligence, ils forment spontanément notre admirable organisation, ce qu'on n'auroit pas moins honte d'admettre.

On est donc forcé de conclure que le développement et l'entretien de notre organisme sont déterminés par les lois d'une puissance intelligente, et qui dispose nos élémens matériels selon le plan conçu par sa sagesse impénétrable. Et cette puissance, qui pourroit la méconnoître? qui pourroit ne pas s'écrier: *Hic digitus Dei?*

son calorique, et tous les principes qui le rendoient propre à l'entretien de l'organisation. Les
veines alors l'absorbent, comme nous l'avons dit
dans un des chapitres précédens, et le transportent de nouveau dans le système pulmonaire
pour lui faire recouvrer toutes les propriétés qu'il
a perdues; et c'est ainsi que le fluide nourricier,
dont le poids est évalué à environ trente livres,
sans cesse formé, absorbé, modifié, distribué,
entretient continuellement toutes les parties de
notre organisme, qu'il parcourt dans l'intervalle
de sept à quinze minutes.

Cet entretien qui n'a point de relâche, cette
nutrition qui ne doit finir qu'avec la vie, offre,
comme toutes les autres fonctions, des variétés
remarquables selon les âges, les sexes, les individus, les professions, les climats, les saisons.

Dans l'enfant, elle est d'autant plus active
qu'il se rapproche davantage de l'époque de sa
naissance; ce que témoigne assez le *rhythme*, si
je puis ainsi parler, du développement de l'organisme, dont l'accroissement se montre d'autant plus rapide, que l'on le considère à une
époque plus éloignée de la puberté[1].

---

[1] Il est digne de remarque que le système artériel se trouve
en harmonie avec cette activité de la fonction nutritive. En
effet, les parois du cœur et des artères ont proportionnellement plus de consistance et d'épaisseur dans l'enfance que
dans l'adulte.

Mais, à cette période de la vie, des nutritions particulières apparaissent ; ce sont celles des parties qui alors ont des fonctions à remplir, tels que le système pileux et l'appareil de la fonction génératrice. En même temps, le corps continue de s'accroître dans toutes ses dimensions, d'une manière de plus en plus lente, quelquefois pourtant avec une très-grande rapidité, et cet accroissement ne s'arrête que lorsque la matière organique a atteint les limites que lui a fixées l'*Intelligence suprême*, et qu'il n'est pas en son pouvoir de dépasser.

Ces limites, qui sont en harmonie avec ce qui nous entoure, qui forment un des grands mystères de la création, étoient essentielles à notre existence ; comment, en effet, aurions-nous pu *être*, tout étant limité autour de nous, si notre accroissement n'avoit point eu de bornes ?

Dès que nos organes ont acquis le développement qui leur a été prescrit, la nutrition devient stationnaire. A la virilité, elle s'effectue dans le sens de la largeur du corps, en développant le tissu cellulaire graisseux sous-cutané, et abdominal. Dans la vieillesse, elle languit dans tous les organes, qui perdent alors de leurs dimensions, comme on le voit surtout dans les systèmes cutané, celluleux, et musculaire. Enfin elle est presque nulle dans la caducité, où toutes les fonctions vont bientôt s'anéantir.

La nutrition générale est moins étendue, moins active, a moins de rapidité chez la femme que chez l'homme. Faite pour plaire et non pour commander, sa stature est moins haute; une taille élevée n'auroit point été en harmonie avec ses destinées, et l'on sait quel contraste choquant elle produit chez celles qui la présentent. Plus sédentaire, exerçant des mouvemens moins intenses et moins soutenus, ses pertes organiques sont moins considérables, et nécessitent par conséquent moins de réparation. Elle diffère encore de l'homme par des nutritions partielles qui lui sont propres. Dans celui-ci, à la puberté, c'est l'appareil vocal et le système musculaire qui prennent de l'étendue; dans la femme, ce sont le tissu cellulaire sous-cutané, destiné à arrondir les formes, et les glandes mammaires, liées à la génération, qui, à cet âge, acquièrent de la prédominance.

Mais les variétés des nutritions individuelles ne sont pas moins admirables que celles que nous venons d'exposer. Toujours subordonnées au développement et au nombre des vaisseaux artériels qui se distribuent aux organes, et se trouvant dans une parfaite harmonie avec la vie en société, elles déterminent, par leurs limites variées, les statures diverses, les dimensions, les

formes particulières, soit générales, soit partielles, les traits physionomiques individuels, et
donnent ainsi aux membres du corps social des
moyens assurés de se reconnoître, comme elles
sont la source, *dans l'amour du sexe*, de la diversité des penchans [1].

C'est en les considérant sous ces beaux rapports, que l'on s'écriera avec le Psalmiste: « Sei-
» gneur ! Seigneur ! ma substance vous étoit
» connue lorsqu'elle a été conçue dans le secret,
» lorsqu'elle étoit encore dans les entrailles de
» la terre. Vous m'avez vu quand mesmembres
» n'étoient qu'une masse informe ; et, avant
» qu'ils fussent, ils étoient écrits dans votrelivre [2] »
avec l'objet que chacun d'eux devoit remplir.

[1] Puisque le développement des organes dépend de celui
du système artériel (Serres, *Anatomie comparée du cerveau*,
t. I⁰ʳ p. 568), il est évident que leurs formes, leurs dimensions, leurs situations respectives, leurs rapports mutuels,
sont subordonnés à ces mêmes objets considérés dans les capillaires; d'où il suit que ce sont les capillaires eux-mêmes
qui déterminent les états organiques divers, et que c'est par
les limites de ces vaisseaux que se trouvent représentées la
surface de toutes nos parties ou les lignes qui en terminent
la substance.

Mais quelle est la puissance qui borne ainsi de mille manières les extrémités des capillaires artériels, et avec un
mode toujours régulier dans les divers organes, si ce n'est
celle qui a tout créé?

[2] *Ps.* 138.

La rapidité de la nutrition générale varie, dans les professions, selon l'intensité des mouvemens locomoteurs qu'elles nécessitent. Ces mouvemens, en effet, déterminent une déperdition de substance organique d'autant plus considérable, et par conséquent une réparation d'autant plus prompte, qu'ils sont eux-mêmes plus énergiques, plus soutenus, ou plus fréquemment répétés. De plus l'impulsion qu'ils impriment à tous les organes les excite, rend leurs actions vitales plus vives, et favorise ainsi leur nutrition. Cela est évident, surtout pour le système musculaire, que l'exercice développe singulièrement, comme on le voit chez les forts de la halle pour les muscles du dos et des épaules, chez les boulangers pour ceux des membres thoraciques, et chez les danseurs pour ceux des abdominaux. C'est sur cette observation que repose l'art de la gymnastique. Les professions influent encore sur la nutrition, par les matières qu'elles fournissent aux absorptions cutanée et pulmonaire. Ainsi les bouchers, qui vivent continuellement dans une atmosphère surchargée d'émanations animales, offrent, en général, un embonpoint considérable, et une grande fraîcheur.

Les climats et les saisons modifient aussi la fonction nutritive. Elle est plus énergique dans les régions froides que dans les climats équatoriaux, en hiver qu'en été; d'abord, parce que

l'air, qui y est plus dense, qui renferme plus d'oxygène sous un même volume, rend le sang plus
excitant : et ensuite, parce que les déperditions
cutanées y étant moins considérables , et la digestion y ayant plus d'activité, beaucoup plus
d'élémens matériels sont employés, dans un temps
donné , à la nutrition des organes. Aussi , en général , est-on plus dispos et mieux portant en
hiver qu'en été. C'est ce qui fait encore que l'organisme est plus développé chez les habitans des
montagnes , où l'air est froid et pur , que chez
ceux des plaines , et que les peuples du Nord
l'emportent par la hauteur de la stature sur ceux
qui habitent les pays chauds. Mais il faut remarquer , à cet égard , que lorsque le climat est
trop rigoureux, le développement des organes
n'a plus la même étendue, les hommes se montrent rabougris , comme les végétaux au milieu
desquels ils vivent, et semblent ne point appar-
tenir à l'espèce par les dimensions de leur corps.
Cela est manifeste dans les Lapons, les Esqui-
maux , et les Samoïèdes.

Les alimens, comme les climats et les saisons,
modifient la nutrition des organes. Une nourriture abondante, succulente, salubre, donne à
l'action réparatrice une intensité remarquable ;
et peut-être chez les peuples du Nord , qui se
nourrissent presque exclusivement de substances
animales , cette cause contribue-t-elle , autant

que le climat, au développement organique qui les caractérise.

Mais la nutrition n'est pas seulement soumise à l'influence des causes que nous venons d'énumérer; les autres fonctions organiques agissent encore sur elle, et la modifient d'une manière plus ou moins parfaite. Ainsi la réaction de l'encéphale sur le reste de l'organisation dans les affections morales, vives ou profondes, l'altère singulièrement; on sait combien les passions amaigrissent, soit qu'elles agissent en troublant la fonction digestive, soit qu'elles portent directement leur influence sur tous les organes par l'intermédiaire du système nerveux. La locomotion agit sur la fonction nutritive en excitant toutes nos parties par les impulsions qu'elle leur communique, et en activant la circulation dans leur tissu[1]. Le sommeil n'influe qu'indirectement sur elle; le repos des appareils sensitifs et locomoteurs qui le constitue, favorise la concentration des forces vitales sur les viscères gastriques, et concourt ainsi à la perfection de l'élaboration des alimens. L'influence de la fonction digestive est évidente; plus elle est parfaite, plus la pro-

---

[1] C'est pour mettre en jeu cette influence si nécessaire à son développement, que l'enfant a été doué d'une mobilité musculaire si active, et à laquelle il est si dangereux de s'opposer; on sait, en effet, combien une vie trop sédentaire lui est nuisible.

priété nutritive de son produit est prononcée ; on connoit la maigreur qui survient à la suite de digestions pénibles plus ou moins long-temps prolongées, et par le seul effet d'alimens mal élaborés. La fonction absorbante influe sur la nutrition par sa rapidité ou sa lenteur ; rapide, elle fournit dans un temps donné plus de matériaux à l'appareil pulmonaire, et par suite à tous nos tissus ; lente, elle produit un effet contraire. La respiration anime ou affoiblit la fonction nutritive, selon qu'elle s'exerce d'une manière plus ou moins complète. Lorsque le fluide qu'elle modifie y acquiert toutes les conditions qu'il doit posséder, la nutrition est très-active ; elle languit, au contraire, lorsque les organes ne reçoivent qu'un sang à demi oxygéné, et qui n'a pas été entièrement débarrassé des principes hétérogènes qu'il renferme. Enfin la circulation, lorsqu'elle est vive, régulière, que les contractions du cœur sont fréquentes, fortes, que celles des artères sont énergiques, la rend rapide, parce qu'il en résulte une distribution abondante du fluide nourricier. Elle la ralentit, au contraire, lorsque les mouvemens du cœur et des artères sont lents, foibles, peu développés.

Mais si la nutrition est modifiée par les fonctions organiques, elle influe à son tour sur chacune d'elles, puisqu'elle en est le principal appui. La locomotion est d'autant plus énergique que les muscles s'assimilent plus d'élémens nutritifs ; la digestion, l'absorption, la respiration, la circulation sont d'autant plus actives, que les tissus des organes qui les exercent reçoivent une plus prompte et plus complète réparation. En un mot, toutes les actions vitales se trouvent immédiatement sous l'influence de la fonction nutritive, qui les rend d'autant plus intenses, qu'elle jouit elle-même de plus d'activité.

Mais la réparation de notre organisme ne pourroit s'effectuer, si le fluide qui doit s'assimiler à nos tissus, n'étoit point débarrassé de certains principes surabondans ou hétérogènes qu'il renferme encore. Cette dépuration importante, cette salutaire élimination est opérée par les fonctions dont nous allons nous occuper dans le chapitre qui va suivre.

CHAPITRE SIXIÈME.

DES FONCTIONS D'ÉLIMINATION.

LE fluide nourricier, formé, comme nous l'avons vu dans les deux premiers chapitres de ce livre, et du produit de la digestion, et des molécules organiques, absorbées par les capillaires veineux et lymphatiques dans le sein de nos tissus, est un mélange composé d'eau, d'oxygène, d'hydrogène, de carbone, d'azote et de différens sels. Mais pour que notre organisation ne fût jamais en souffrance, il falloit que ces élémens fussent toujours en excès; il falloit donc aussi qu'il y eût des fonctions équilibrantes qui les proportionnassent sans cesse aux besoins de nos organes, en expulsant au-dehors les principes surabondans.

Nous avons vu, en étudiant la digestion, que le foie et le pancréas versent dans le duodénum l'un la bile, l'autre un fluide analogue à la salive, destinés l'un et l'autre à sortir de l'organisme, après avoir produit la séparation du chyle d'avec cette partie de la pâte alimentaire qui doit former les excrémens. Nous avons vu aussi que la membrane intestinale sécrétoit une sérosité muqueuse qui favorisoit le cours de cette matière excrémentitielle dans le tube intestinal, et qui devoit être expulsée avec elle. Or, toutes ces sécrétions débarrassent évidemment le fluide nourricier de plusieurs des principes surabondans ou hétérogènes qu'il renferme ; la sécrétion biliaire en sépare du carbone, de l'hydrogène, de l'oxygène par la grande quantité d'eau qu'elle renferme, des phosphate, sulfate et hydrochlorate de soude, etc.; la pancréatique et l'intestinale, de l'oxygène, de l'hydrogène, de l'azote, du carbone, etc.; enfin la respiration, tout en communiquant un principe nouveau au sang qu'elle modifie, lui enlève aussi de l'azote, du carbone, et de la sérosité par les exhalations diverses qui s'y développent, et qui entraînent en outre au-dehors une partie du calorique surabondant ; de telle sorte que l'on peut dire que toutes ces sécrétions et ces exhalations, que nous n'avons pu isoler des fonctions auxquelles elles se trouvent liées, sont autant destinées à ramener à leur juste mesure la quantité des élémens nutritifs de notre organisme, qu'à concourir à ces mêmes fonctions.

Mais nulle part cette destination n'est plus manifeste que dans les systèmes cutané, urinaire, utriculaire et adipeux. Ces systèmes, en effet, dont les fonctions sont isolées, qui ne concourent à aucune autre, montrent par cela même qu'ils n'ont pour objet que celles qu'ils exercent, et qui sont évidemment de véritables éliminations.

ARTICLE PREMIER.

De l'exhalation cutanée.

Le système cutané, percé d'une infinité de pores [1] qui sont les orifices extérieurs des capillaires absorbans et exhalans, verse continuellement dans l'atmosphère, en même temps qu'il y absorbe les élémens nutritifs qui s'y trouvent répandus, une vapeur aqueuse renfermant des substances de nature différente, et qui, lorsqu'elle se condense et devient liquide, prend le nom de sueur [2].

---

[1] Leeuwenhoek en évalue le nombre à 2,904,040,000. Eichhern les porte seulement à 10,080,000.

[2] La sueur n'est pas toujours un signe certain de transpiration plus abondante, ou, en d'autres termes, ce n'est pas toujours quand on sue, que l'on transpire le plus. Lorsque pendant l'été après une marche plus ou moins rapide à l'air libre, nous entrons dans un lieu clos et où ce fluide est stagnant, la matière de la transpiration n'étant plus dissoute par ce fluide, s'accumule sur la peau et s'y convertit en sueur; de sorte que véritablement alors on transpire moins qu'auparavant. La transpiration est d'autant plus abondante que l'air est plus chaud, plus sec, et qu'elle s'y dissout d'une manière plus complète.

En outre, les follicules sébacés de son tissu produisent une humeur graisseuse, plus ou moins abondante selon les lieux où on l'observe. De plus, les ongles, et les poils qui naissent de la profondeur de son derme, et qui laissent échapper de leurs pores l'huile qui les colore et entretient leur souplesse, sont le produit d'une sécrétion particulière. Enfin, elle exhale de toute sa surface une humeur coagulable qui s'y dépose en écailles comme imbriquées, qui s'y durcit, s'y dessèche, et qui constitue l'épiderme [1].

Toutes ces productions diverses peuvent être considérées comme un transport au-dehors des substances que l'organisation repousse, ou dont la surabondance entraveroit ses fonctions. Ainsi l'exhalation qui a lieu par les pores dont sont percés les capillaires artériels qui rampent à la surface cutanée, entraînent au-dehors le calorique surabondant; aussi, lorsqu'elle se supprime, comme dans certains paroxysmes fébriles, la

---

[1] Cette exhalation, lorsqu'elle est trop abondante dans certaines régions, constitue les cors, les durillons, les verrues. Ces excroissances ne sont pas toujours dues à la pression; les chaussures larges n'en préservent pas toujours les pieds. Nous avons vu, d'ailleurs, un enfant de huit ans en offrir, aux doigts des pieds, d'assez considérables. On pourroit même dire que les cors sont héréditaires, car le père de cet enfant en offre depuis son bas âge, comme celui dont il tenoit lui-même le jour.

chaleur est brûlante. Elle expulse en même temps de l'eau, de l'acide acétique selon M. Thénard, de l'acide lactique d'après Berzélius, une matière animale, de l'hydrochlorate de soude, du phosphate de chaux, et de l'oxyde de fer, et par conséquent de l'oxygène, de l'hydrogène, du carbone, de l'azote, etc., et, de plus, ce dernier principe à l'état de gaz, et de l'acide carbonique. Ces deux substances sont plus abondantes le matin, dans l'état de repos, et dans l'abstinence, que vers le milieu du jour, après un violent exercice, et dans l'état de plénitude de l'estomac.

La sécrétion des glandes sébacées, outre qu'elle a pour objet de donner de la souplesse aux tégumens, débarrasse l'économie d'un excès d'hydrogène et de carbone. Enfin la production des ongles et des poils, et l'exhalation épidermique, la déchargent de l'azote, de l'hydrogène, du carbone, du soufre, etc., et du phosphate de chaux surabondans.

Mais ces fonctions éliminatoires offrent un grand nombre de variétés lorsqu'on les considère dans les régions diverses du système cutané, dans les différens âges, dans les sexes, dans les divers individus. Elles ne varient pas moins selon les professions que ces individus exercent, les alimens dont ils se nourrissent, les climats qu'ils habitent, les saisons où ils se trouvent.

A la tête, les poils sont beaucoup plus longs, plus abondans, que partout ailleurs; et ils prennent le nom de cheveux. Les parties génitales, les aisselles, le devant du thorax, sont les régions du tronc où ils se trouvent en quantité plus considérable, et où ils ont le plus de longueur. La peau qui recouvre la plante des pieds, la paume des mains, le creux de l'aisselle, les parties latérales du thorax, le front, etc., transpire plus facilement et avec plus d'abondance que les autres régions du système cutané.

Dans l'enfance, les fonctions éliminatoires de ce système n'ont pas à beaucoup près l'activité qu'elles acquerront dans les âges suivans; et l'on en conçoit facilement la cause. Le développement du corps, absorbant presque tous les produits des diverses absorptions et de la fonction digestive, peu d'élémens nutritifs se trouvent surabondans; aussi la peau y exhale peu, ses follicules sébacés y produisent moins de cette humeur onctueuse destinée à la lubrifier par la suite, et dont elle peut se passer par la souplesse naturelle de son tissu; les poils y sont moins nombreux, le plus souvent nuls, leur accroissement et celui des ongles moins rapides, les cheveux plus souples, plus fins, l'épiderme moins développé, moins fréquemment renouvelé; ce qui semble être déterminé par l'emploi du phosphate calcaire surabondant, à la solidification du système osseux, qui est, à cet âge, si mou, si flexible, en un mot presque cartilagineux.

Mais peu à peu toutes ces productions augmentent, les élémens nutritifs, dont l'excès va sans cesse croissant à mesure que le développement de l'organisation approche de son terme, affluent du dedans au-dehors avec plus d'abondance ; l'accroissement des cheveux et des ongles acquiert plus de rapidité ; à la puberté, des poils apparoissent sur des régions qui auparavant en étoient dépourvues ; plus tard, le menton s'en montre recouvert ; l'exhalation séro-acide et la sébacée sont plus abondantes, l'épidermique prend une épaisseur plus considérable, et son renouvellement est plus actif.

Mais il n'en est plus de même dans la vieillesse, où, si la nutrition languit, la digestion ou la préparation de la matière nutritive s'affoiblit dans la même proportion. Plusieurs sécrétions cutanées diminuent ou s'arrêtent ; l'exhalation séro-acide est beaucoup moins abondante, ou presque nulle, les cheveux blanchissent, par la décoloration de l'huile qui les teignoit, et tombent, les poils se dessèchent, et peut-être la suppression de ces produits concourt-elle à l'endurcissement et à l'ossification de différentes parties de l'organisme, par le transport qui s'effectue sur elles du phosphate de chaux surabondant.

Dans la femme, l'exhalation épidermique est

moins abondante que dans l'homme, ce qui donne plus de finesse à sa peau : et les cheveux qui doivent orner sa tête, relever ses grâces, augmenter sa beauté, y ont plus de souplesse, plus de finesse, et une longueur beaucoup plus considérable. Dans l'homme, ce sont les poils qui prédominent; ils doivent exprimer la force, ils y sont et plus épais et plus abondans.

Les divers individus varient singulièrement entre eux, par l'activité de l'exhalation séro-acide, par les proportions diverses de ses élémens, par les dimensions, le nombre et la souplesse des cheveux et des poils, l'abondance et la nature de l'huile qui les colore, et qui détermine toutes les nuances de cette coloration, enfin par l'épaisseur et la rapidité de développement de l'épiderme.

Les professions rendent la transpiration cutanée d'autant plus abondante, et la desquamation de l'épiderme d'autant plus fréquente et plus prompte, qu'elles soumettent l'homme à l'impression d'une chaleur plus vive, comme la culture des champs dans la saison chaude, la fabrication du verre, etc., ou que les mouvemens qu'elles exigent sont plus intenses et plus soutenus. Elles produisent ainsi un afflux extérieur des élémens nutritifs, qui provoque une soif plus ou moins vive, ou qui détermine une digestion plus active pour réparer les pertes qui sont l'effet de ces excessives exhalations. Dans les professions sédentaires, au contraire, qui n'activent pas, ou même qui ne provoquent point cette effusion extérieure qu'exigent l'ordre des mouvemens vitaux, l'harmonie des fonctions organiques, et l'équilibre qui doit exister entre la nutrition et ses matériaux, le transport de la matière nutritive excédante se fait à l'intérieur de l'organisme, principalement dans les réservoirs du tissu utriculaire, et il peut en résulter l'obésité.

Les vêtemens qui sont en contact avec le système cutané excitent, s'ils sont grossiers, l'exhalation épidermique, et donnent plus de consistance et plus d'épaisseur à son produit. Voilà pourquoi les gens du peuple, les ouvriers qui usent de linge rude, ont la peau moins unie que ceux qui emploient des tissus plus fins. C'est par une influence analogue que les individus qui se livrent à des travaux manuels pénibles, tels que les forgerons, etc., ont l'épiderme des mains calleux.

Les alimens modifient la transpiration cutanée, et influent sur l'abondance de ses produits. Un régime animal l'excite plus qu'une alimentation végétale, par cela seul qu'il fournit une plus grande quantité d'élémens nutritifs à l'élaboration des alimens. Le premier rend plus abondante l'exhalation du gaz azote, les ali-

mens végétaux augmentent celle de l'acide carbonique. Les alliacés communiquent à la transpiration pulmonaire et cutanée une odeur forte,
pénétrante et particulière. Les boissons aqueuses
augmentent la proportion de l'eau dans les
produits de ces exhalations.

Les saisons et les climats chauds activent singulièrement la transpiration cutanée; on sait
combien elle est énergique dans l'été et dans les
régions méridionales, et que, si l'on ne réparoit
par une abondante boisson la déperdition excessive qu'elle cause, l'équilibre entre la nutrition
et les pertes organiques seroit rompu, et il en
naîtroit les plus graves désordres. Les climats
froids et humides, au contraire, diminuent considérablement la transpiration cutanée; mais ils
donnent de l'activité à l'exhalation pulmonaire.
Enfin les climats froids, et les climats chauds,
modifient d'une manière opposée la sécrétion
du principe colorant des cheveux et de la peau:
dans les régions septentrionales, les peuples sont
blancs, et ont les cheveux blonds. Dans les australes, au contraire, la couleur de la peau est
plus ou moins brune, répand une odeur pénétrante particulière, et les cheveux sont généralement noirs. Tout le monde connoît l'odeur
qui appartient aux peuples africains, et la teinte
qui les colore.

Cette coloration nous paroît dépendre d'un

excès de carbone que fournissent des alimens animalisés et *végétalisés* à l'excès par un ciel brûlant, et, qui ne pouvant s'échapper par l'organe pulmonaire, à cause de la quantité insuffisante d'oxygène que contient, dans les régions que ces peuples habitent, l'air atmosphérique trop raréfié, s'exhale abondamment dans le tissu muqueux de la peau d'une manière compensative. A cette cause il faut encore ajouter l'impression vive que cet organe éprouve de la part de la lumière, dont le propre est, comme l'on sait, de brunir plus ou moins fortement la peau, selon son intensité, la direction plus ou moins verticale de ses rayons, et son action plus ou moins prolongée. L'objection que l'on pourroit nous faire, que si c'étoient là les causes de la couleur des peuples africains, les nègres devroient devenir blancs en Europe, ne nous semble d'aucune valeur; et l'on peut répondre que cette exhalation est devenue une fonction constitutionnelle que la génération a fini par transmettre, un état organique qui ne peut disparoître que par un changement de nature, et, par conséquent, par une longue continuité d'actions opposées à celles qui l'ont déterminé, de telle sorte que plusieurs siècles ne sauroient y suffire. Au reste, l'influence des climats est évidente chez les animaux, où elle démontre aussi que leurs colorations diverses ne sont que des variétés accidentelles. Ne sait-on pas que le merle, le corbeau, l'ours, etc., qui sont noirs dans nos contrées, sont gris ou blancs dans le Nord?

Ces considérations doivent suffire pour servir de réponse à ces questions ridicules, faites si souvent par des hommes qui n'ont point assez réfléchi sur l'influence des climats : « Le premier » homme étoit-il blanc ou noir? La diversité de » couleur des différentes races de l'espèce hu- » maine, n'indique-t-elle pas une diversité d'o- » rigine? » Le premier homme étoit de la cou- leur qui se trouvoit en rapport avec le climat où il avoit été placé; et il seroit aussi absurde de le supposer noir que de lui attribuer la couleur blanche, s'il avoit été créé dans le Congo. Le premier homme étoit donc blanc. Ce ne fut qu'après la dispersion des enfans de Noé, et à mesure que les peuplades qui composoient alors la grande famille humaine se répandirent dans des climats différens, que la couleur primitive, soumise à des influences diverses, offrit, dans la suite des temps, des variétés. Peu à peu, ces altérations se prononcèrent davantage par la continuité des influences qui les avoient pro- duites, et enfin elles devinrent telles que nous les voyons aujourd'hui.

La différence des traits, parmi ce que l'on

appelle les *races humaines*[1], n'indique pas plus une différence d'espèce et d'origine que leur diverse coloration. Ce qui constitue l'espèce d'un *être*, c'est sa nature, c'est son mode d'exis-

---

[1] Les naturalistes ont divisé l'espèce humaine en cinq variétés principales, à chacune desquelles ils ont assigné des caractères particuliers*.

La race arabe-européenne se distingue de toutes les autres par un visage ovale, un nez long, un crâne saillant, et un angle facial de 80° à 90°. Elle occupe les régions de la mer d'Arabie, de l'Afrique septentrionale, de la mer de Perse, de la mer Caspienne, du Pont-Euxin, de la Méditerranée, de la grande Péninsule européenne, de l'Europe occidentale, et d'une grande partie de l'Europe septentrionale. D'où l'on voit qu'elle se trouve soumise à l'influence d'une infinité de climats différens. Aussi la couleur de la peau et des cheveux y offre-t-elle des variétés nombreuses. En effet, tandis que cette race montre en Suède, en Danemarck, en Hollande, dans la Germanie, en Pologne, en Russie, une peau très-blanche, des yeux bleus, des cheveux très-longs, très-fins, et blonds ou couleur d'or; elle présente, dans la Grèce, dans une très-grande partie de la France, et dans presque toute l'Italie, une peau blanche où l'on observe de nombreuses variétés, des yeux bruns et des cheveux longs, mais noirâtres; elle se distingue dans l'Espagne méridionale, la Sicile, et dans une grande portion de l'Anatolie, de la Syrie et de la Perse, par un teint où les nuances brunes sont très-nombreuses, par des yeux noirs, et par des cheveux noirs et un peu gros; elle joint à ces derniers caractères, dans la Barbarie, l'Egypte, et l'Arabie, des cheveux grossiers, et une peau très-basanée;

* Voyez Lacépède, sur les races ou variétés principales de l'espèce humaine.

tence ; c'est aussi la faculté de se reproduire exclusivement avec les individus qui lui ressemblent. Toutes les différences qu'il peut présenter avec eux ne sont qu'accidentelles, et par cela

---

et enfin elle offre, dans l'Abyssinie, presque tous les effets d'une chaleur excessive sur la peau, les poils et leur couleur.

La race africaine est remarquable par un front plat, un nez épaté, un crâne très-peu saillant, des mâchoires avancées, des joues saillantes, des lèvres relevées et épaisses, et un angle facial de 70°. Elle habite les régions de l'Afrique orientale et occidentale. Moins répandue que la précédente, et soumise à l'influence d'un climat à peu près uniforme sous un arc de méridien de 35°, si on le mesure dans l'hémisphère antarctique, et de 25° ou 30° seulement, si on l'évalue dans l'hémisphère boréal, cette race n'offre, dans les variétés de sa coloration, qu'une série assez courte dont le noir très-foncé occupe une extrémité, tandis qu'on ne voit à l'autre qu'un brun plus ou moins olivâtre ou jaunâtre. Ainsi, tandis que les peuples qui vivent sur les bords méridionaux du Sénégal, sur la côte du Cap-Vert, l'île de Gorée, etc., ont la peau d'un noir d'ébène, ce noir est beaucoup moins foncé dans la Serra-Léona, la Guinée, le Congo, beaucoup moins encore sur la côte de Juda, d'Ardrah et d'Issini, diminue successivement d'intensité depuis le Cap-Nègre jusqu'au Cap-des-Voltes et au-delà, où il finit par se convertir en une teinte brune-olivâtre.

La race asiatique ou mongole présente un front plat et un crâne peu saillant, des yeux placés obliquement, un nez petit, des joues saillantes vers le haut, des lèvres grosses, un menton pointu, et un angle facial qui ne dépasse jamais le 8° degré. Elle est répandue dans une très-grande partie de la région du nord de l'Asie, et dans les régions de la Chine, de l'Archipel asiatique, de l'Inde, et du grand plateau d'Asie. Elle

même plus ou moins variables, excepté toutefois que, par leur transmission à travers une longue suite de générations, elles ne soient devenues constitutionnelles. Mais, dans ces circonstances même, elles n'altèrent en rien les

---

éprouve l'influence du climat le long d'un arc de méridien de 65°; aussi la voit-on, depuis les rives de la Léna jusqu'à la ligne équinoxiale et au-delà, offrir dans sa coloration, comme la race arabe-européenne, toutes les nuances comprises entre le blanc et le noir, et, dans ses cheveux, tous les degrés de brièveté, de grosseur, de rudesse ou de mollesse dont les appendices du système cutané sont susceptibles.

Enfin la race hyperboréenne se reconnoît à son visage trèsplat, à son corps trapu, et à sa taille extrêmement courte. Placée dans le nord des deux continens, où la nature enchaînée dans ses mouvemens, comprimée dans ses efforts, semble expirer sous le froid rigoureux qui l'opprime, cette race lutte contre les intempéries d'un climat funeste dans les parties les plus septentrionales du nord de l'Europe, du nord de l'Asie, et de l'Amérique boréale. Soumise à des influences à peu près uniformes dans toutes les régions qu'elle occupe, elle ne peut présenter qu'un petit nombre de variétés, peu différentes même les unes des autres. Aussi les Lapons, les Samoïèdes, les Ostiaques, les Tchutchis, les Groënlandois, et les Eskimaux, qui la composent, ne diffèrent entre eux que par quelques nuances dans la couleur de la peau, qui est, en général, brune ou olivâtre, par les dimensions des membres, qui sont plus ou moins gros ou menus, et par la stature, qui est d'autant plus petite que l'on approche du pôle.

Tels sont les caractères physiques des différentes variétés de l'espèce humaine. Mais il ne faut pas croire que ces caractères soient tellement tranchés que chacune d'elles diffère sen-

caractères spécifiques, qui demeurent toujours évidens. Ainsi, par exemple, la race *nègre*, qui offre même de nombreuses variétés entre ses divers individus, diffère bien de l'*arabe-euro-péenne* par son nez épaté, ses lèvres grosses, ses cheveux crépus, etc. ; mais elle ne tient pas moins pour cela à cette dernière, d'où elle dérive incontestablement. Le climat, le genre de nourriture, l'usage peut-être de modifier les traits, de les pétrir, comme on le voit chez certains peuples qui se plaisent à comprimer, à aplatir ou à rendre proéminent le crâne de leurs enfans, modifications que la génération finit par transmettre : toutes ces causes, dis-je, après avoir agi pendant un plus ou moins grand nombre de siècles, ont altéré leurs traits primi-

---

siblement des autres dans tous ses individus ; ce seroit là méconnoître les causes qui les ont produites, c'est-à-dire, les influences des climats. Or, comme les climats divers se confondent, dans leurs points de contact, les uns avec les autres, et qu'ils ne vont en différant entre eux, que par des nuances insensibles comme les intervalles qui séparent les parallèles, dont ils se composent, il s'ensuit nécessairement que leurs effets, identiques dans leurs limites respectives, ne doivent apparoître qu'insensiblement aussi ; et c'est ce qui a lieu en effet. Ainsi, la race arabe-européenne, source primitive de toutes les autres, se confond par des nuances peu apparentes, d'une part, avec la race nègre en Afrique ; de l'autre, avec la mongole en Asie, et enfin avec l'hyperboréenne dans les régions polaires des deux continens.

tils, comme leur couleur. Voyez ce qui est arrivé à l'espèce *canine*, sur laquelle l'homme a agi de concert avec le climat; que de variétés n'y sont-elles pas survenues! Voyez celles que les mêmes causes ont fait naître dans le cheval. Considérez toutes les espèces domestiques : quelles immenses différences ne présentent-elles point avec les individus qui vivent dans l'état sauvage, et cela par la seule diversité de la manière de vivre et du genre des alimens! Voyez enfin quel est l'empire du climat sur toutes les espèces animales, qui toutes offrent néanmoins un type unique de création. Les végétaux eux-mêmes n'échappent point à cette influence, qui leur imprime des caractères si dissemblables que l'on croit voir des espèces nouvelles, là où il n'y a réellement que des individus modifiés.

Terminons ici cette digression, que nous avons crue nécessaire, et reprenons l'examen des causes qui modifient les fonctions des tégumens.

La transpiration cutanée est moins abondante la nuit que le jour; elle s'accroît régulièrement de six heures du matin à midi, époque où elle décroît d'une manière graduelle[1]. La pulmonaire suit un ordre inverse dans son accroissement et son décroissement.

---

[1] *Journ. complém. du Dict. des Sciences méd.*, mars 1823, p. 17.; *Expériences* du Dr Reil.

Les passions influent sur l'exhalation cutanée; une sueur froide inonde le corps dans la frayeur. La réaction encéphalique produit ce phénomène; elle détermine une irradiation nerveuse sur les exhalans de la peau, dont elle accroît momentanément l'activité vitale.

La locomotion anime aussi leurs fonctions en accélérant le cours du fluide qui leur fournit les matériaux qu'ils doivent exhaler[1]. Le sommeil, par le repos musculaire qu'il détermine, et le ralentissement de la circulation qui en est la suite produit un effet opposé.

La digestion, l'absorption, la respiration et la distribution du fluide nourricier, agissent indirectement sur la transpiration cutanée, par le fluide que les unes lui préparent, et que la dernière lui transmet.

La fonction digestive exerce sur cette exhalation d'autres influences particulières. Des alimens imprégnés d'une trop grande quantité de chaleur l'excitent d'une manière prompte et sympathique. Elle augmente pendant l'élaboration des alimens; elle diminue pendant l'état de vacuité du viscère gastrique, et règle ainsi les pertes

---

[1] Remarquez qu'ici cette exhalation surabondante débarrasse les organes internes de l'excès d'élémens qu'y font affluer les contractions musculaires, et prévient ainsi les désordres qu'un engorgement trop considérable pourroit y développer.

de l'organisme sur la quantité du fluide qui doit les réparer.

Enfin l'exhalation cutanée influe à son tour sur les autres fonctions organiques. Une sueur trop abondante abat les forces musculaires, par une sorte de dérivation de la puissance vitale qui en est la source; elle excite la soif, la faim, par les déperditions qu'elle produit, tandis que, par une élimination trop considérable des fluides aqueux, elle diminue la sécrétion urinaire. Lorsqu'elle s'affoiblit, comme dans la vieillesse, on voit s'activer dans les mêmes proportions l'exhalation pulmonaire. C'est cette augmentation d'activité qui, dégénérée en surexcitation chronique, cause cette toux opiniâtre qui tourmente tant les vieillards. La suppression ou la diminution de l'exhalation cutanée agit de la même manière sur la production de la sérosité intestinale, dont elle augmente plus ou moins la quantité.

Telle est la fonction éliminatoire des tégumens, considérée d'une manière générale dans son but, dans ses produits, dans ses variétés, dans les influences qu'elle reçoit des autres fonctions organiques, et dans celles qu'elle exerce sur ces mêmes fonctions. Étudions sous les mêmes rapports la sécrétion urinaire.

ARTICLE II.

De la sécrétion urinaire.

L'appareil de cette importante sécrétion est composé 1° des reins, organes situés sur les côtés de la colonne vertébrale, dans la profondeur de la région lombaire, et qui séparent l'urine du sang que déposent dans leur tissu les capillaires artériels qui s'y distribuent; 2° des conduits qui transportent hors des reins l'urine ainsi formée ; 3° du réservoir où elle se rend, et qui l'expulse ensuite hors de l'organisme.

C'est dans la substance corticale des reins que se forme l'urine, par un mécanisme qui, comme celui de toutes les autres sécrétions, se dérobera long-temps encore à toutes les investigations de la physiologie. Cette humeur s'échappe des tubules, qui, d'une part, communiquent avec la substance corticale, et de l'autre, forment, par leur réunion en faisceaux conoïdes, les mamelons rénaux. De ces tubules elle tombe dans des sortes d'entonnoirs membraneux qui enveloppent chaque mamelon, que l'on nomme les *calices*, et qui la versent dans un entonnoir plus considérable, auquel ils aboutissent tous, et que l'on appelle le *bassinet des reins*. Cet entonnoir, se prolongeant en un long tube cylindrique qui porte le nom d'*uretère*, va aboutir au bas-fond de la vessie, qu'il perce obliquement d'arrière en avant, et lui transmet le fluide urinaire. Ce mode d'introduction des uretères dans la cavité vésicale fait que les urines ne peuvent point rétrograder, car le poids du fluide qu'ils ont amené dans cette cavité comprime leurs parois, et ferme ainsi leur ouverture. Ce n'est que dans le cas d'une énorme distension de la vessie, où cette ouverture se dilate aussi, que les urines peuvent refluer dans les uretères.

La marche de ce fluide est déterminée par l'impulsion directe du sang qui arrive dans le tissu rénal ; par celle que lui communiquent les battemens des artères rénales, derrière lesquelles se trouve placé le bassinet ; par les mouvemens contractiles des uretères eux-mêmes ; par ceux des parois abdominales pendant la fonction respiratoire ; et enfin par la pesanteur. L'écartement et la distension des parois de la vessie, qui sont l'effet de l'afflux des urines dans ce réservoir, dépendent de cette loi de l'hydraulique, savoir, qu'un liquide qui arrive par un conduit étroit dans une cavité plus considérable agit sur les parois de cette cavité avec une force équivalente au poids d'une colonne du même liquide, dont la base seroit égale à la surface de cette même cavité, et la hauteur à celle du conduit. Cette pression n'empêche poin les urines de pénétrer dans la vessie ; parce que ne pouvant être qu'égale à la force impulsive qui les meut, les orifices des urctères demeurent toujours libres, et les parois de ces conduits n'éprouvent l'action du liquide que lorsque celles de la vessie ne se prêtent plus que difficilement à la distension.

Ce réservoir des urines est une poche ovoïde, composée d'une tunique musculeuse dont les fibres s'entrecroisent en différens sens, d'une membrane séreuse qui sert à celle-ci d'enveloppe extérieure, et d'une muqueuse qui la tapisse intérieurement et la préserve du contact trop irritant des urines. Cette poche se termine antérieurement par un conduit de neuf à douze pouces de longueur, soutenu par les *corps caverneux*, entre lesquels il se trouve placé et auxquels il adhère. Il porte le nom d'*urèthre*. Il est formé d'un tissu spongieux érectile, qui s'épanouit à son extrémité libre pour former ce que l'on appelle le *gland*, et il est tapissé intérieurement d'une membrane muqueuse. A la réunion de ce conduit avec la vessie est un sphincter, espèce d'anneau musculaire dans un état de contraction permanente, qui s'oppose à l'issue des urines lorsque la volonté n'en détermine point l'émission. A la sortie de la vessie, l'urèthre se dilate et présente un renflement que l'on appelle son *bulbe*. Ce renflement est récouvert par les muscles bulbo-caverneux, qui, par leurs contractions, le rétrécissent, et accélèrent ainsi le cours des urines, dont ils augmentent encore la rapidité par l'impulsion qu'ils leur impriment.

Dès que ce fluide s'est accumulé dans la vessie en quantité assez considérable, et que la distension qu'il exerce sur les parois de ce viscère est portée au-delà du degré normal, son expulsion devient nécessaire, la modification organique perceptible qui doit annoncer à l'être intelligent le besoin de cette expulsion se développe, et une douleur plus ou moins vive se fait sentir. C'est alors que la volonté détermine le relâchement du sphincter de la vessie, la contraction de la tunique musculaire de cet organe, celle du diaphragme et des muscles abdominaux, qui agissent comme dans l'expulsion du résidu de la fonction digestive, et enfin l'action des muscles bulbo-caverneux, qui, par le mouvement qu'ils impriment au bulbe de l'urèthre, rendent plus rapide le cours du fluide expulsé, effet auquel concourt ce canal lui-même, en se contractant sur le liquide qui le traverse.

Il est à remarquer que, dans cette expulsion, les muscles des parois abdominales ne sont actifs qu'à son début, et pour vaincre la résistance première du sphincter de la vessie, dont le relâchement ne s'effectue que peu à peu. Dès que cette résistance est vaincue, la vessie agit seule, et détermine par elle-même, en se contractant, l'émission des urines. La rétention d'urine dans la paralysie de cet organe, montre évidemment son état actif dans cette excrétion.

L'expulsion des urines, qui s'effectue sous l'influence de la région lombaire du prolongement rachidien, ne peut avoir lieu en même temps que celle des matières fécales, à cause de la contraction des releveurs de l'anus, qui, dans cette dernière excrétion, resserrent le col de la vessie, et par la compression que lui font éprouver les matières accumulées dans la partie inférieure du rectum.

Le produit de la sécrétion urinaire, dont la quantité est de trois à quatre livres dans les vingt-quatre heures, chez un adulte sain, offre une couleur citronnée, répand une odeur particulière, et est composé d'une foule d'élémens différens. Il renferme, selon Berzelius, de l'eau, de l'urée, de l'acide urique, de l'acide lactique, du mucus vésical, du lactate d'ammoniaque uni à une matière animale soluble dans l'alcool, une matière de même nature, insoluble dans cet agent, des sulfates de potasse et de soude, des phosphates de soude et d'ammoniaque, du phosphate terreux avec un atome de chaux, de l'hydrochlorate de soude et d'ammoniaque, et de la silice. Il contient encore, d'après les expériences de Vauquelin, de Prout, de Vogel, etc., des acides phosphorique et carbonique en état de liberté. Enfin il renferme du calorique rayonnant, que l'urine entraîne hors de l'organisme, et dont elle concourt ainsi à prévenir l'accumulation; dans les fièvres aiguës, avec suppression d'urine, la chaleur interne est toujours plus ou moins brûlante.

Cette composition du fluide urinaire annonce assez que la sécrétion qui le produit est destinée principalement à débarrasser l'économie de l'excès d'azote qu'il renferme, et du calorique libre qui est y surabondant. Mais les reins peuvent surtout être considérés comme les grands émonctoires du premier de ces principes[1]. En effet, l'urée, qui prédomine dans l'urine; l'acide urique, le mucus vésical, les matières animales qui y entrent comme élémens; l'ammoniaque qui concourt à la composition de plusieurs de ses sels, en sont presque entièrement formés; et l'on sait que le régime végétal en fait disparoître l'urée, et qu'il est un des plus puissans moyens de guérison dans la gravelle produite par l'excès d'acide urique.

---

[1] La ligature des uretères fait promptement périr les animaux. Tous leurs organes répandent alors une odeur urineuse, et se putréfient très-rapidement. Si l'on extirpe les reins dans un animal vivant, on trouve, après un certain temps, dans le fluide sanguin, une grande quantité d'urée.

La sécrétion urinaire offre les mêmes variétés que l'exhalation cutanée. L'âge, les sexes, les individus, les professions, la nature des alimens, les climats, les saisons, influent évidemment sur elle, et la modifient dans sa nature et dans son excrétion.

Dans la première enfance, la nature même des alimens rend l'urine très abondante. Les nerfs qui se répandent dans les parois de la vessie, ont une faculté de transmission très-intense, et l'impression qu'ils reçoivent de ce fluide est vivement sentie. C'est la vivacité de cette sensation, que ne peut contrebalancer l'idée des convenances sociales, ignorées à cet âge, qui y rend l'excrétion de l'urine involontaire. Cette humeur diffère encore, par sa nature, de ce qu'elle sera dans l'âge adulte ; elle est plus aqueuse, beaucoup moins putrescible, et contient bien moins d'urée, de phosphate de chaux, et d'acide phosphorique, parce que l'activité de la nutrition organique rend l'azote moins surabondant, et que le développement du système osseux absorbe presque entièrement le phosphate calcaire.

Mais peu à peu les parois vésicales s'accoutument à son impression. Leurs nerfs la transmettent d'une manière moins active, elle est aussi moins vivement perçue, les rapports extérieurs et les convenances sociales s'apprécient, et l'excrétion des urines est alors soumise à la volonté. La nature de ce fluide éprouve aussi des modifications remarquables, elle s'animalise de plus en plus ; enfin les produits azotiques et terreux y prédominent, et ce caractère est très-saillant chez le vieillard, dont les urines, toujours promptement putrescibles, se montrent souvent surchargées d'acide urique et de phosphate de chaux. A cet âge aussi l'excrétion de ce fluide devient lente et difficile. La membrane muqueuse de la vessie est moins impressionnable, les nerfs transmettent plus foiblement, plus obscurément les impressions qu'ils reçoivent, ce qui est l'inverse de ce que l'on observe dans l'enfance ; et cette obscurité de transmission y facilite l'accumulation des urines, la distension des fibres de la membrane musculaire, et par suite leur affoiblissement, qu'augmente encore l'influence directe de l'âge. Les muscles des parois abdominales, comme tous les autres élémens du système musculaire, ont aussi perdu de leur contractilité ; et les bulbo-caverneux, à qui est confié le dernier jet de l'urine, presque paralysés, la laissent s'amasser dans le bulbe de l'urèthre, et ne peuvent l'en expulser complètement.

L'excrétion de ce fluide est plus facile et plus prompte chez la femme que chez l'homme. Dans celui-ci, l'urèthre est très-long, d'un tissu serré, résistant et très-érectile. Dans la femme, au contraire, ce conduit, qui n'a qu'un pouce de longueur, forme une espèce d'entonnoir dont la partie évasée se trouve à son origine, et dont le tissu, lâche et susceptible d'une grande dilatation, cède aisément à l'impulsion des urines. Aussi, dans les contractions un peu intenses des muscles abdominaux, comme dans le soulèvement d'un fardeau, dans le rire, etc., ce fluide s'en échappe presque toujours malgré la volonté.

Les individus présentent un grand nombre de variétés sous le rapport de la quantité et de la nature des urines. Dans les uns elles sont très-abondantes; les reins y jouissent d'une grande vitalité. Dans les autres, elles sont rares, ces organes sont peu actifs. Dans ceux-ci, les principes azotés, l'urée, l'acide urique, les sels ammoniacaux, y prédominent. Dans ceux-là, au contraire, ce sont les sels terreux, les phosphates de magnésie, de chaux, etc., qui l'emportent sur tous les autres élémens. Ces substances diverses offrent encore des variétés infinies sous le rapport de leurs proportions respectives; et cela d'une manière tellement inconstante, par les causes nombreuses qui modifient sans cesse les fonctions des reins, qu'il est impossible de déterminer d'une manière absolue la nature de l'ensemble de ces produits excrémentitiels.

Ajoutons encore que les professions diverses

y amènent d'autres modifications non moins remarquables. Celles, par exemple, qui exigent des mouvemens plus ou moins intenses et plus ou moins prolongés du tronc et des membres, qui produisent par conséquent une abondante exhalation cutanée, rendent les urines plus rares, plus denses, plus colorées, moins aqueuses, et chargées proportionnellement de plus de principes. Il en est qui y introduisent des élémens étrangers ; c'est ainsi qu'elles répandent une odeur de violette chez les peintres en bâtimens, qui absorbent par la peau ou par la muqueuse pulmonaire les émanations de l'essence de térébenthine qu'ils emploient dans leurs travaux.

La nature des alimens n'influe pas moins sur la sécrétion urinaire. Un régime animal y fait prédominer l'urée, l'acide urique et tous les sels ammoniacaux. Les substances alimentaires végétales, au contraire, y rendent plus abondans les sels alcalins et terreux. Les boissons aqueuses la délaient, la rendent plus limpide et moins dense. Les asperges lui communiquent une odeur particulière, et les betteraves la colorent en rouge plus ou moins vif.

Enfin les climats et les saisons déterminent dans les urines des modifications non moins sensibles. Dans les régions chaudes, dans la chaleur de l'été, où l'exhalation cutanée est très-abondante, elles sont rares, fortement colorées,

III.   9

offrent une densité remarquable, et se montrent surchargées d'urée et de principes salins. Dans les climats froids et dans l'hiver, au contraire, où la peau exhale moins, l'émission des urines est plus fréquente, plus abondante, et ce fluide, plus limpide, d'une pesanteur spécifique moins considérable, renferme beaucoup de principes aqueux.

Mais ce n'est point là que se bornent les influences qui agissent sur la sécrétion de ce fluide, elle éprouve encore celle des autres fonctions de l'organisation. Les modifications organiques et les spasmes divers, qui sont l'effet des affections morales, rendent les urines limpides ; il semble qu'ils accélèrent tellement la circulation du sang dans les reins, que ces organes n'ont pas le tems d'élaborer ce fluide, et qu'ils n'en séparent que la sérosité qui y est contenue. Pendant la locomotion, l'urine est d'autant plus rare, plus colorée, plus dense, que l'exhalation cutanée est plus abondante.

Une digestion active fournit promptement des matériaux à la sécrétion urinaire. Les vaisseaux veineux, les lymphatiques et les chylifères, absorbent tout à la fois les liquides renfermés dans les voies digestives, et les transmettent ensemble dans leur réservoir commun, d'où ils sont transportés dans l'appareil pulmonaire et dans les cavités gauches du cœur, pour être distribués par l'aorte et les artères rénales, aux capillaires des reins. Cette triple absorption, et la grandeur du diamètre des artères rénales, qui, d'après le calcul de Haller, est le huitième de celui de l'aorte, expliquent assez la rapidité de la production des urines après une ample boisson, sans que l'on ait besoin d'imaginer une communication particulière et immédiate entre l'estomac et la vessie[1]. Elles rendent aussi raison de la nature des urines, qui sont alors presque entièrement aqueuses, en nous montrant les reins gorgés de fluides qui s'en échappent sans être élaborés. Cette nature aqueuse des urines les fait différer de celles que l'on appelle *de la digestion*, rendues deux ou trois heures après le repas, et de celles plus colorées et plus denses qui portent le nom d'*urines du sang*, et qui ne sont expulsées que sept à huit heures après l'ingestion des alimens.

La distribution du fluide nourricier modifie la sécrétion urinaire par la quantité plus ou moins grande des matériaux qu'elle lui fournit. Ainsi les individus dont les contractions du cœur sont fréquentes, où la marche du fluide

---

[1] L'expérience a d'ailleurs démontré que la ligature des uretères maintient cet organe dans un état parfait de vacuité ce qui prouve évidemment qu'aucune autre voie ne lui amène le fluide urinaire.

sanguin est rapide, et par conséquent toutes les actions vitales vives et animées, doivent nécessairement, toutes choses égales d'ailleurs, offrir plus d'activité dans la sécrétion urinaire que ceux chez lesquels la circulation sanguine est lente, et qui par cela même ne possèdent qu'une foible vitalité.

En terminant l'exposition de ce qui a rapport à la sécrétion urinaire, nous devons signaler certaines irrégularités qui s'observent quelquefois dans son excrétion.

Les urines ne sont pas toujours expulsées au-dehors par les voies ordinaires; on les voit quelquefois se frayer des routes insolites, et s'échapper au-dehors à travers des organes qui leur sont entièrement étrangers. On lit dans la nouvelle Bibliothèque médicale (mars 1828, page 392) un exemple curieux de ces déviations singulières. Le sujet, qui étoit une fille âgée de 27 ans, rendit d'abord les urines par l'oreille droite, puis par l'œil gauche, ensuite par le vomissement, sans qu'elles fussent mêlées de substances alimentaires, enfin, et successivement, par le mamelon, le nombril et le nez. Le liquide ainsi excrété avoit toutes les propriétés physiques et chimiques de l'urine.

Il faut nécessairement admettre, pour expliquer cet étonnant phénomène, l'absorption du produit de la sécrétion rénale, soit dans les reins eux-mêmes, soit dans la vessie, et son transport par les vaisseaux absorbans dans les exhalans de la surface des organes d'où il s'échappoit.

Les fonctions éliminatoires dont nous venons de nous occuper expulsent au-dehors les produits surabondans de la matière nutritive. Celle qui nous reste à examiner les met comme en dépôt dans des réservoirs particuliers pour les besoins organiques ; de sorte que les substances qu'elle sépare du torrent circulatoire, en sortent et y rentrent alternativement.

ARTICLE III.

De l'exhalation adipeuse.

On rencontre, dans certaines régions du système cellulaire, des amas de petites vésicules arrondies, globuleuses, renfermées dans ses aréoles, aux parois desquelles elles adhèren par un pédicule vasculaire, et formant de petits sacs sans ouverture, dont l'intérieur présente des filamens, en forme de cloisons. C'est dans les intervalles que laissent entre eux ces filamens, que se trouve renfermé ce que l'on nomme la *graisse*, substance oléagineuse, composée de stéarine et d'élaïne, plus ou moins fluide, selon que ce dernier principe y prédomine, d'une couleur légèrement jaunâtre, et dont l'hydrogène, l'oxygène et le carbone forment, en dernière analyse, les élémens constitutifs. Cette matière est exhalée par les parois des vésicules qui la renferment, et sur lesquelles rampent des capillaires très-apparens.

L'exhalation adipeuse est donc une véritable élimination[1]. Mais elle diffère de la cutanée et de l'urinaire en ce que ses produits sont destinés à rentrer dans l'organisme, et à concourir à sa nutrition. Ses élémens, en effet, déposés dans les utricules cellulaires, sont ensuite puisés par les capillaires lymphatiques, et vont recouvrer dans le système pulmonaire les propriétés nutritives qu'ils avoient perdues. Plusieurs faits don-

---

[1] Elle peut être considérée comme un auxiliaire de la fonction respiratoire, en ce qu'il s'y opère une expulsion, hors du système sanguin, de l'hydrogène et du carbone surabondans. La pathologie rend cette vérité de la dernière évidence. En effet, l'exhalation adipeuse est d'autant plus abondante que la respiration est moins parfaite, et cette imperfection est une des causes les plus fréquentes de l'obésité. Les individus atteints de cette affection respirent mal; leur murmure pulmonaire est foible, à cause du peu de dilatation des vésicules bronchiques, et ils éprouvent une oppression plus ou moins considérable pendant la fonction locomotrice, par l'afflux et l'accumulation du sang veineux dans le système vasculaire des poumons. *L'endurcissement du tissu cellulaire* des nouveaux nés, qui ne provient que d'une exhalation surabondante du système adipeux, n'a sa source que dans une lésion profonde de la respiration par une bronchite vésiculaire, comme l'a très-bien démontré M. Savatier (*Clinique des hôpitaux et de la ville*, t. II, n° 31).

nent à cette dernière vérité le plus haut degré d'évidence. On maigrit dans les maladies où l'on est forcé de se priver d'alimens ; le système adipeux se vide, et c'est le rapprochement des parois de ses vésicules, qui détermine la diminution du volume du corps, ou la *maigreur*. Les individus chez lesquels ces vésicules sont très-développées, distendues par la graisse, qui ont beaucoup d'embonpoint, supportent plus long-temps l'abstinence que les sujets qui offrent une organisation contraire. Dans les animaux dormeurs, le système utriculaire se remplit de graisse peu avant le temps de la torpeur, afin que leur organisation y trouve pendant toute sa durée une alimentation suffisante.

C'est principalement dans la cavité abdominale et dans le tissu cellulaire sous-cutané du tronc, que se rencontrent les vésicules adipeuses ; elles se trouvent là plus près des grands réservoirs veineux où le fluide qu'elles renferment doit se rendre, dans les circonstances où, la digestion ne pouvant s'exercer, il doit servir seul à l'entretien de l'organisme.

Dans l'enfance, le système vésiculaire adipeux est très-développé ; cela étoit essentiel à cause de l'activité de la fonction nutritive qui y exige d'abondans matériaux, et qui devoit trouver dans ce système de quoi suppléer au produit de la digestion, lorsque cette fonction viendroit à se suspendre. Le nombre et le développement des vésicules adipeuses jouent encore à cet âge un autre rôle non moins important. Ce sont elles qui arrondissent les formes, qui donnent de la suavité aux traits, qui sont, en un mot, la source des grâces de l'enfant, et de tout l'intérêt qu'il nous inspire, formant ainsi une douce harmonie avec sa foiblesse, qu'elles semblent destinées à protéger.

Dans la jeunesse, la graisse diminue, les vésicules qui la renferment s'affaissent; les traits se prononcent davantage, les saillies musculaires sont plus apparentes; ce qui étoit nécessaire pour que l'homme offrît alors les caractères de force et de puissance qui doivent le distinguer.

A la virilité, c'est dans le système vésiculaire abdominal qu'un nouvel afflux de graisse se manifeste. La nutrition commence à se ralentir, l'hydrogène, l'oxygène et le carbone sont en excès, et c'est dans les utricules adipeuses qu'ils se déposent.

Dans la vieillesse, l'appétit diminue, la digestion languit, le fluide nourricier qu'elle prépare n'est pas en quantité suffisante, et c'est dans

---

[1] Lorsque l'accroissement est trop rapide, il n'y a plus d'exhalation graisseuse; le fluide qui étoit amassé dans les utricules cellulaires est complètement absorbé; de là la maigreur si remarquable qui survient dans cette circonstance.

ces utricules que les absorbans vont puiser les matériaux réparateurs de l'organisation; alors l'amaigrissement commence. Il s'accroît dans la caducité, où le corps se dessèche par l'affoiblissement de la fonction digestive, et où le système utriculaire lui-même n'exhale presque plus.

Dans la femme, ce système est beaucoup plus développé que dans l'homme. Née pour plaire et pour toucher, il lui étoit nécessaire, comme à l'enfant, pour donner de la douceur à ses traits et arrondir agréablement ses formes.

Les individus varient singulièrement entre eux sous le rapport du développement des vésicules adipeuses. Les professions sédentaires le favorisent, en ralentissant la nutrition; celles, au contraire, qui rendent le corps très-actif, s'opposent à l'accumulation du fluide adipeux en donnant de l'énergie et une grande rapidité à tous les mouvemens organiques.

Un régime abondant et très-substantiel produit l'embonpoint; la raison en est évidente: il y a excès d'alimentation. Un régime ténu, les alimens végétaux amènent un effet contraire.

Dans les climats froids, dans la saison de l'hiver, qui concentrent au-dedans toute la vitalité de l'organisme, il se fait peu de pertes par l'exhalation cutanée; le corps, d'ailleurs, exerçant peu de mouvemens; d'un autre côté, la digestion est plus active, il doit donc y avoir excès de fluide nourricier. Ces climats et cette saison doivent donc être, et sont, en effet, favorables au développement de la graisse. Les climats chauds et l'été agissent dans un sens opposé.

L'influence de la locomotion sur le développement du système vésiculaire adipeux se confond avec celle des professions diverses. Un sommeil long et fréquent, une digestion rapide et qui produit une grande quantité de fluide nourricier, le favorisent.

A son tour, l'exhalation adipeuse, lorsqu'elle est très-active, influe sur certaines fonctions organiques. Ainsi une graisse abondante gène les contractions musculaires, et rend plus ou moins pénible la locomotion générale, par l'augmentation qu'elle détermine dans le poids absolu du corps ; toutefois, elle facilite la natation, en diminuant sa pesanteur spécifique. Elle ralentit le cours du sang veineux, par la compression qu'elle exerce sur les vaisseaux qui le renferment, et en affoiblissant l'intensité des contractions musculaires qui concourent à son mouvement. Enfin elle diminue l'étendue de la respiration, et gêne la fonction de l'aorte, par son accumulation dans l'abdomen, et elle prédispose ainsi aux congestions du cerveau et à l'apoplexie.

Tel est l'exposé général des fonctions éliminatoires. Mais, de même que toutes les autres actions organiques, elles ne pourroient s'exercer sans le principe de la chaleur, qui se développe au-dedans de nous par la fonction suivante.

CHAPITRE SEPTIÈME.

DE LA CALORIFICATION.

———

L'HOMME, comme tous les autres êtres doués de la vie, ne peut exister sans l'influence de la chaleur. Aussi l'astre du jour la verse-t-il par torrens avec la lumière.

Mais la chaleur extérieure éprouve des variations infinies. Indépendamment des changemens réguliers qu'elle subit dans les saisons diverses, elle n'est pas la même dans tous les climats, elle change même selon les localités et les intempéries de l'air ; les variations si nombreuses de la température atmosphérique dans la même saison, dans le même climat, dans le même lieu, attestent aussi toute son inconstance. Or, comment la vie de l'homme auroit-elle pu se soutenir au milieu de tous ces changemens ? S'il avoit pu vivre sous l'équateur, il est évident qu'il n'auroit pu exister vers les pôles, et que, dans le même lieu, ses fonctions vitales, livrées sans cesse à une influence aussi mobile, auroient aussi sans cesse éprouvé des troubles plus ou moins funestes.

Il falloit donc que l'homme pût se maintenir dans une température constante, qui devoit être de 30 à 32 degrés (thermomètre de Réaumur), car c'est là sa chaleur habituelle, et au-dessus ou au-dessous de ce terme, ses fonctions organiques éprouvent toujours plus ou moins d'altération. Mais puisque cette fixité ne pouvoit lui venir de dehors, il falloit nécessairement qu'il la puisât au-dedans de lui-même ; qu'il pût se créer une chaleur propre, invariable, qui assurât son existence dans tous les climats, dans toutes les saisons, et le mit hors de l'influence de toutes les vicissitudes de la température extérieure. Il falloit, en un mot, qu'il pût résister, tout à la fois, à une chaleur excessive qui auroit trop raréfié certaines de ses humeurs, et qui en auroit trop épaissi d'autres, et à un froid aigu qui les auroit mises en congélation.

Le moyen que le Créateur a donné à l'organisation de l'homme pour n'être point altérée dans ses fonctions par l'excès de la chaleur extérieure, c'est l'exhalation cutanée. Cette fonction, en effet, qui est d'autant plus active que la température de l'air est plus élevée, oppose à l'excès du calorique une barrière insurmontable dans les fluides qu'elles produit, et qui l'absorbent en prenant une consistance gazeuse. On le voit évidemment chez les verriers, qui ne résistent à la chaleur extérieure si vive qui les environne, que par une abondante boisson. Un excès d'exhalation cutanée peut même devenir habituel, par l'impression constante d'une haute température, et nous donner ainsi la faculté de vivre dans un air excessivement chaud, ce qui explique comment, par exemple, des individus se sont accoutumés peu à peu à la chaleur des fours, et comment les européens finissent par s'acclimater sur les zones équatoriales.

Nous pouvons, dans les ardeurs de l'été, ressentir presque le froid glacial de l'hiver, en recouvrant la surface de notre système cutané d'une couche d'un liquide facilement évaporable. Nous pouvons aussi, en limitant l'évaporation de nos humeurs, conserver à la surface de notre corps, même dans le cœur de l'hiver, la chaleur qui s'en exhale, et maintenir notre existence au milieu des climats les plus glacés. C'est aux vêtemens laineux et aux fourrures dont nous nous couvrons, que nous devons cette puissance. En effet, en enchevêtrant l'air dans leur tissu, ou leur poil, en le rendant immobile, ils s'opposent à l'évaporation de nos liquides, et à l'absorption de notre chaleur. Ils empêchent encore cette déperdition d'une autre manière ; l'air est un foible conducteur du calorique, et, sous ce rapport, il présente une harmonie admirable avec notre organisation. Or, nos vêtemens laineux, en le rendant stagnant à la surface de notre système dermique, opposent au calorique qui s'en exhale une barrière qu'il ne peut franchir.

Notre imperméabilité à une chaleur extérieure excessive, et la conservation de celle qui s'échappe de notre corps, forment des phénomènes puremens physiques et dont le mécanisme est évident. Mais il n'en est pas de même du mode de développement de notre chaleur interne. Il s'effectue dans le sein de nos tissus : il se dérobe donc à toutes nos recherches, et nous ne pouvons former que des conjectures sur le mécanisme vital qui le produit. Toutefois, l'observation nous a dévoilé des faits importans, qui peuvent déjà servir de base à une théorie. Elle a démontré que les animaux à *sang chaud*, différoient de ceux à *sang froid*, par l'étendue de leur appareil pulmonaire ; qu'ainsi, par exemple, chez les reptiles, qui n'offrent qu'une température de 8° (Réaumur), la respiration est presque nulle, puisqu'ils n'ont qu'une seule oreillette et un seul ventricule, et que le poumon ne reçoit qu'une très-petite quantité de sang ; que parmi les animaux à sang chaud, ceux qui avoient les poumons les plus vastes, qui respiroient, par conséquent une plus grande quantité d'air dans un temps donné, étoient aussi ceux dont la température du corps étoit la plus élevée ; que les oiseaux, dont les poumons ont une étendue remarquable, et chez lesquels l'air extérieur pénètre jusques dans les cavités des os, sont, de tous les animaux , ceux qui ont le plus de chaleur (42° Réaumur) [1]. Il semble donc naturel de conclure, d'après des faits si évidens, que la respiration est la source de la chaleur animale.

Mais comment cette fonction produit-elle le développement de cet agent vital? A-t-il lieu dans l'organe pulmonaire lui-même , par la combinaison du gaz oxygène de l'air atmosphérique avec l'hydrogène et le carbone du sang , en un mot, par une combustion véritable? Mais si cela étoit, la température du corps ne devroit point changer, dans les circonstances où la respiration elle-même n'éprouve aucune variation ; et cependant, dans une foule de cas, elle s'élève ou s'abaisse plus ou moins, soit généralement, soit partiellement, sans que la respiration s'active

---

[1] Il ne faut pas croire pourtant que ce soit à la seule étendue de leur fonction respiratoire que ces animaux doivent la chaleur intense dont leurs organes sont pénétrés. Elle dépend, en grande partie, de l'air que renferment leurs os et leurs plumes, et de celui que celles-ci enchevêtrent au-dehors, et qui enveloppe le corps de toutes parts. L'air, en effet, est très-peu conducteur du calorique, et il ne nous en enlève qu'en se renouvelant. Or , celui qui environne les oiseaux, et qui est comme stagnant, est une barrière que ne peut franchir leur calorique, qui s'accumule sans cesse dans l'intérieur de leur organisation. Aussi certaines espèces, celles surtout dont le duvet est le plus fin, sont-elles obligées de se plonger fréquemment dans l'eau.

ou se ralentisse. Ainsi, elle n'est pas la même dans les différentes époques du jour, avant et après le repas, dans le mouvement et pendant le repos, dans le sommeil et dans la veille. Ainsi, dans les paroxysmes fébriles, dans les inflammations locales, la peau est chaude, brûlante, alors que la respiration conserve son mouvement normal. C'est, au contraire, pendant le froid pyrétique qui envahit le système cutané, qu'elle s'exerce avec une rapidité remarquable. Des frictions faites sur la peau y développent de la chaleur, les excitans internes, les liqueurs spiritueuses, en font dégager de tous les points de l'organisme, sans que, dans ces circonstances, les phéno-mènes respiratoires acquièrent plus d'activité. Enfin, la chaleur se conserve pendant un certain temps après l'extinction de la vie. De tout cela, il faut nécessairement conclure, que si la respiration influe sur le développement de la chaleur animale, cette influence n'est point directe, et que ce n'est point dans l'organe pulmonaire que ce développement a lieu.

Nous avons vu, en nous occupant de la respiration, que le sang oxygéné ou artériel avoit une température plus élevée de deux degrés que le sang veineux. Mais une aussi foible différence ne peut pas rendre raison de celle qui existe entre les animaux à sang artériel ou *chaud*, et ceux à sang presque entièrement veineux, à cause

III.   10

du peu de développement de leurs organes pulmonaires, ou *froid*. Il faut donc que le sang oxygéné possède, outre cet excédant de température, quelque propriété particulière qui le rende
capable de favoriser la production de la chaleur.

Or, ce sang est, comme nous l'avons vu,
l'excitant général de l'organisme. Il appelle, dans
tous les tissus, un afflux de la puissance nerveuse par l'impression qu'il exerce sur eux. Ne
seroit-ce pas à cette propriété excitante que seroit dû le développement de la chaleur animale...?
Nous entrevoyons déjà une explication plausible
de ce phénomène important.

Et, en effet, on conçoit que le sang artériel,
en impressionnant tous nos organes, y produit
une excitation constante, par l'intermédiaire du
principe nerveux qu'il y fait affluer ; toutes les
molécules organiques entrent dans des oscillations plus ou moins vives, et, selon que le sang
lui-même est plus oxygéné, plus dépuré, plus
excitant, et que l'afflux nerveux est plus considérable, tous les mouvemens vitaux sont plus
rapides, plus intenses, les frottemens moléculaires plus étendus, plus multipliés, les nutritions organiques plus actives, la transformation
des liquides en solides plus parfaite, plus con-
sistante ; et il est aisé de comprendre comment,
de toutes ces causes réunies, peut provenir le

développement d'un degré plus ou moins élevé de chaleur.

Il est donc vraisemblable que la chaleur animale n'a pas d'autre source. La respiration en est la cause éloignée, en donnant au sang artériel sa faculté excitante; ce fluide en est une cause plus prochaine, par l'impression qu'il exerce sur les tissus vivans; la puissance nerveuse en constitue un principe moins éloigné encore, par les mouvemens vitaux qu'elle détermine[1]; enfin, c'est de ces mouvemens mêmes, et des combinaisons moléculaires qu'ils produisent, qu'elle naît immédiatement. D'où l'on voit que la calorification est un phénomène complexe, une suite d'effets dépendans les uns des autres, et liés entre eux d'une manière intime, depuis la fonction respiratoire jusqu'à la nutrition; qu'elle n'est pas, par conséquent, une fonction proprement dite, mais le résultat d'un ensemble d'actions

---

[1] On sait que la ligature, ou la section d'un nerf, produit le refroidissement des parties où il se distribue, et ensuite leur amaigrissement, que même la sciatique et toutes les affections où le tissu nerveux est profondément lésé, déterminent les mêmes phénomènes; ce qui démontre que le système nerveux influe sur le développement de la chaleur, et apprend en même temps le mode de cette influence. Voyez le Mémoire de Brodie, publié en 1811, et inséré dans les *Transactions philoso-phiques*, et les *Expériences* du Dr Chassat, *Revue méd.*, janvier 1822, p. 13.

vitales, qui appartiennent à toute l'organisation.

Cette théorie s'accorde avec tous les faits d'une manière parfaite. Si, dans les différentes époques du jour, la chaleur du corps n'est pas la même, c'est que la circulation, et, par conséquent, l'excitation des organes, s'y ralentit et s'y accélère d'une manière alternative. Si la locomotion, la digestion l'augmentent, c'est qu'elles activent cette excitation. Si le sommeil l'affoiblit, c'est par la lenteur qu'il amène dans tous les mouvemens organiques. La chaleur générale ou locale dans les fièvres, les phlegmasies, etc., s'explique aisément par l'afflux nerveux qui s'effectue sur les organes qu'occupe la maladie. Les frictions élèvent la température de la peau, par l'excitation qu'elles y déterminent. Les alimens échauffans, les liqueurs spiritueuses agissent en développant dans l'estomac des irradiations surexcitantes qui se répandent dans tout l'organisme. Les chaleurs nerveuses, inappréciables par le toucher et même par le thermomètre, dépendent de la transmission et de la perception vive de l'impression qu'elles exercent sur les organes qui en sont le siége. Le frisson fébrile provient de ce que la circulation cutanée est comme suspendue, par l'affoiblissement considérable de l'action vitale des capillaires qui l'exercent. Les organes et les régions de l'organisme où les mouvemens vitaux sont le plus intenses et le plus ra-

pides, sont aussi ceux qui offrent le plus de chaleur. Voilà pourquoi la température des cavités
splanchniques est plus élevée que celle des extrémités. La chaleur persiste pendant un certain
temps après la mort, parce que les mouvemens
organiques ne sont pas complètement anéantis;
elle est d'autant plus vive, et persiste d'autant
plus, que l'affection qui a éteint la vie a été plus
aiguë, et le sujet plus jeune et plus vigoureux,
parce que ces mouvemens y sont alors et plus
prolongés et plus intenses. Dans les animaux à
sang froid, toutes les actions vitales ont une lenteur remarquable. Ces êtres peuvent supporter
l'abstinence pendant un temps très-long, ce qui
provient de ce que leur nutrition est peu active.

Que si l'on oppose que la décomposition de
nos solides doit détruire l'effet calorifiant de leur
composition, on peut répondre d'abord que le
produit de la décomposition, où le carbone prédomine, est plus froid et moins conducteur du
calorique que le fluide qui sert à la composition;
et ensuite que le corps vivant étant né avec une
température déterminée et fixe, c'est pour ce
double mouvement même, qui en est sans doute
une condition essentielle, que cette température
se maintient à son degré originel. Enfin cette
théorie rend complètement raison des variétés
de la chaleur animale selon les différens âges,
les individus, les professions, le genre de nour-

riture, les climats, les saisons; et de toutes les modifications que lui font éprouver les fonctions organiques.

Dans l'enfance, la chaleur générale est plus intense que dans la jeunesse[1]; dans celle-ci que dans la virilité, où elle l'emporte sur celle de la vieillesse, parce que, dans ces divers âges, la nutrition et les mouvemens organiques moléculaires vont successivement en décroissant. Cela est remarquable surtout dans le vieillard, où une respiration imparfaite rend le sang moins excitant, et par conséquent moins propre à agir sur l'organisme, à l'impressionner, à y appeler la puissance nerveuse, et donner lieu aux mouvemens vitaux moléculaires qui développent la chaleur.

Dans les individus, la calorification varie selon l'état de la respiration et l'activité de la fonction nutritive. Ceux dont la coloration est vive, l'embonpoint bien prononcé, offrent plus de chaleur que les individus dont la face pâle, injectée d'une couleur tirant sur le violet, l'amaigrissement du corps, annoncent que la respiration et toutes les nutritions organiques sont lentes et imparfaites. On sait combien ceux qui sont atteints de la *maladie bleue*, affection où l'oxygénation et la décarbonisation du sang sont si

---

[1] Elle est plus élevée de deux degrés.

imparfaites, se montrent foibles et sensibles au froid.

Les professions dans lesquelles le corps agit vivement, par cela seul qu'elles activent la distribution du fluide nourricier, et que, dans un temps donné, elles en font arriver aux organes une plus grande quantité que les professions sédentaires, rendent aussi plus considérable le développement de la chaleur.

Un régime excitant, les liqueurs spiritueuses, des alimens succulens fournissent un chyle qui accélère tous les mouvemens organiques, et qui est par conséquent très-favorable à la calorification.

Les climats froids, l'hiver, la rendent bien plus énergique dans l'intérieur de l'organisme que les climats chauds et l'été; phénomène qui provient de ce que les forces vitales se concentrent alors sur les organes internes, en activent toutes les fonctions, et cela afin que nous résistions plus efficacement au froid qui nous entoure. Cet effet du froid, considéré comme excitant de l'organisme, est évident sur le système cutané. Lorsque la température de l'air n'est pas trop froide, elle y détermine une réaction plus ou moins vive, qui est la source d'une chaleur de *résistance*, ou plutôt de compensation pour celle que l'air extérieur nous ravit. Cette réaction peut devenir habituelle, et c'est ainsi que nous nous accoutumons au froid.

Les passions tristes font baisser la température du corps, en ralentissant toutes les fonctions organiques. Si elles se prolongent pendant un certain temps, la digestion s'altère ou languit, les alimens sont mal élaborés ou le fluide nourricier diminue ; et, dans l'un et l'autre cas, cet excitant de l'organisme perd de sa faculté d'entretenir les mouvemens vitaux.

La locomotion provoque le développement de la chaleur animale, en accélérant la circulation dans les tissus. C'est le défaut de cette influence, et non point, comme on l'a dit, la foiblesse de la respiration, qui rend l'enfant si sensible au froid dans les premiers jours de sa vie, et qui exige qu'on l'environne sans cesse d'un calorique artificiel. Le sommeil, par le repos qu'il détermine dans les agens locomoteurs, et par le ralentissement de la circulation qui en est la suite, diminue la production de ce principe, comme les expériences du docteur Reil l'ont démontré[1]. La digestion, à son début, l'affoiblit dans le système cutané par la concentration qui s'y opère des forces vitales dans l'intérieur de l'organisme ; elle l'active ensuite dans tous les tissus par les synergies qu'elle y

---

[1] *Journ. complém. du Dic. des Sc. méd.*, mars 1823, p. 17

produit. Le mode d'influence de la respiration est aisé à concevoir d'après ce que nous avons déjà dit ; et celui de la circulation et de la nutrition n'est pas moins sensible : le froid glacial qui survient dans la syncope, où tous les mouvemens vitaux se suspendent, le montre manifestement.

L'exhalation du système vésiculaire adipeux influe sur la calorification en enveloppant l'organisation d'un fluide qui est très-peu conducteur du calorique, et qui par conséquent est très-propre à s'opposer à sa trop grande déperdition. Cela explique pourquoi l'enfant est moins sensible au froid que l'adulte, la femme que l'homme, les individus qui ont de l'embonpoint que ceux qui sont maigres ; pourquoi aussi la graisse devient plus abondante autour de certains organes, lorsque leurs fonctions exigent une nouvelle activité. Ainsi, par exemple, à l'époque de la puberté, le tissu vésiculaire adipeux des mamelles prend du développement chez la femme, tandis que ce développement se manifeste plus particulièrement dans le mésentère et les parois abdominales, chez l'homme, à l'époque de la virilité. Dans l'une, les glandes mammaires auront bientôt besoin d'un surcroît d'énergie ; il leur faut donc plus de chaleur ; dans l'autre, les fonctions des viscères gastriques se ralentissent ; il faut que le calorique s'y conserve pour les soutenir. Remarquez que les animaux dormeurs deviennent tous infiltrés de graisse avant leur sommeil annuel, et que, pendant toute sa durée, malgré la lenteur de leurs mouvemens vitaux, ils résistent au froid aigu qui les environne. Si le fluide adipeux entretient leur existence comme aliment, n'y concourt-il pas aussi par sa faculté peu conductrice du calorique? Quelles admirables harmonies! ô Intelligence suprême! ô bonté infinie! que tes desseins sont profonds, et que tes œuvres sont merveilleuses!

Mais si la calorification a sa source dans les actions vitales, le principe qu'elle produit est un des principaux agens de toutes les fonctions. Sans lui, en effet, elles ne pourroient entrer en exercice, et l'organisme seroit bientôt frappé de mort. On sait quel profond engourdissement survient dans le système musculaire lorsque le froid le pénètre; on connoît le sommeil mortel dans lequel jette l'impression plus ou moins prolongée d'un air glacé; on sait aussi qu'à la suite d'un refroidissement après le repas, la digestion s'arrête; que, par l'effet d'un froid intense, la cavité thoracique se resserre spasmodiquement, la respiration devient comme convulsive, les mouvemens du cœur se ralentissent; que, si cette influence stupéfiante se prolonge pendant un certain temps, la nutrition se suspend dans les organes qui y sont le plus exposés, ou dont les mouvemens vitaux sont les moins actifs, et la gangrène s'y développe; et enfin que si cette action funeste du froid se prolonge davantage, la mort peut en être le résultat.

Ici se termine l'histoire élémentaire des fonctions qui concourent à l'entretien de l'organisation de l'homme; nous allons nous occuper dans le livre suivant de celles qui déterminent sa reproduction.

LIVRE DEUXIÈME.

DE LA REPRODUCTION DES ORGANES.

———

Vainement le premier homme auroit entretenu son organisation, s'il ne lui avoit point été donné de la reproduire ; condamné à mourir, il n'auroit pu se perpétuer.

Il falloit donc qu'il eût la faculté de procréer son semblable, afin que, selon la volonté de l'Éternel, qui lui avoit dit : « Croissez et multipliez-vous[1] », sa race peuplât tout l'univers, et qu'il pût, puisqu'il devoit cesser d'être comme *individu*, se conserver comme *espèce* jusqu'à la fin des choses.

Cet acte de la reproduction, le plus mystérieux de tous les actes de la vie, étant subordonné au développement des organes qui doivent l'exercer, ne peut réellement s'effectuer que lorsque ce développement a atteint son terme, époque que l'on a nommée *puberté.*

Dès que l'acte reproducteur a eu lieu, l'individu est *conçu.*

———

[1] *Genèse*, ch. Ier v. 28.

Il séjourne, il se nourrit, il se développe pendant un temps déterminé dans le sein de sa mère. La fonction qui entretient cette vie, qui produit ce développement interne, est la *nutrition utérine*.

Le terme de cette nutrition une fois atteint, l'individu ne peut plus vivre au-dedans de sá mère : ses rapports avec l'organe qui le renferme cessent d'exister ; il faut qu'il en soit expulsé, qu'il arrive à la lumière : cette expulsion si nécessaire porte le nom d'*accouchement*.

Enfin le nouveau-né doit, au sortir de l'utérus, éprouver dans son organisation des modifications essentielles à l'établissement de sa nouvelle vie et à l'entretien de son existence.

Nous devons donc, pour mettre de l'ordre dans l'étude de ces importans objets, considérer séparément dans ce livre les phénomènes de la *puberté*, la *conception*, la *nutrition utérine*, l'*expulsion* naturelle du produit de la fonction reproductive, et les *modifications* qu'il éprouve dans son organisme après cette expulsion.

CHAPITRE PREMIER.

DE LA PUBERTÉ.

———

Lorsque l'homme arrive à cette époque de sa vie, tout à la fois la plus douce et la plus orageuse, il se fait une révolution bien sensible dans son organisation. Les muscles deviennent plus prononcés, les formes arrondies du tronc et des membres disparoissent, et ce qui naguère servoit à l'expression de la foiblesse cède sa place à ce qui doit peindre la vigueur. En même temps la voix acquiert de la gravité par l'augmentation presque subite des dimensions de la glotte; un léger duvet, qui bientôt prendra plus d'épaisseur et une couleur tranchée, couvre le menton; des poils naissent sur des parties qui auparavant s'en montroient dépourvues, et ceux qui existoient en d'autres régions s'y multiplient, s'y épaississent, et s'y colorent plus fortement.

Pendant que ces changemens s'opèrent, les organes générateurs, c'est-à-dire, les sécréteurs de la liqueur prolifique avec leurs conduits déférens, les réservoirs où cette liqueur s'amasse, et leur tube éjaculateur, prennent un accroissement remarquable. On voit alors, en effet, les testicules se développer, se tuméfier, et si, comme il arrive quelquefois, ils n'ont pas encore franchi l'anneau inguinal pour se rendre dans le scrotum, leurs fonctions ne s'établissent pas moins dans l'abdomen, où ils se trouvent, et la sécrétion de la liqueur séminale n'a pas moins lieu. Ce fluide mystérieux, auquel se trouvent mêlés le mucus que produit la membrane qui tapisse l'intérieur des vésicules séminales, l'humeur que sécrète la prostate, et les mucosités du conduit uréthral, liquides destinés sans doute à lui servir de véhicule [1], ce fluide, dis-je, où l'analyse chimique ne trouve que de l'eau, un mucilage animal, du phosphate de chaux, et de la soude, se présente sous l'aspect d'une humeur visqueuse, blanchâtre, renfermant une matière épaisse et grumeleuse. Le microscope y fait découvrir une infinité de petits corps locomobiles que l'on a nommés *zoospermes*, et qui, dit-on, sont essentiels à la fécondation, parce que, d'après les expériences de MM. Prevost et Dumas, de Genève, la liqueur qui les contient perd avec

---

[1] Ce sont ces mucosités et l'humeur prostatique, que répandent les eunuques, et qui, par l'absence du sperme, n'ont point la vertu de féconder.

eux sa propriété fécondante. Mais ces corps sont-ils de véritables animaux? Ne doit-on pas les considérer plutôt comme des molécules organiques qui se meuvent sous l'influence du principe de la vie? Et l'imagination n'a-t-elle pas eu une grande part à tout ce que l'on a écrit sur leurs mœurs ? Sans doute tous les liquides, soit végétaux, soit animaux, contiennent des corpuscules qui se meuvent d'une manière spontanée, mais ces corpuscules eux-mêmes, qui paroissent ne pas différer essentiellement de ceux que l'on observe dans le sperme, ne seroient-ils pas des particules organiques que le fluide électrique, ce moteur universel de la matière, mettroit en mouvement ? Et la puissance nerveuse, qui a tant de rapports avec ce principe, ne pourroit-elle pas aussi mouvoir les molécules de la liqueur spermatique, comme elle agite les élémens colorés du fluide sanguin (t. I. p. 94, note [1]).

Mais quand bien même les corps qui se meuvent dans le sperme seroient de véritables animalcules, s'ensuivroit-il nécessairement qu'ils agissent par eux-mêmes dans la fécondation? N'est-il pas probable qu'ils sont étrangers au liquide qui les renferme, et que c'est dans ce liquide seul que réside le pouvoir fécondant? Et si cette faculté s'évanouit lorsqu'on les y fait périr ou qu'on l'en dépouille, et si elle n'existe point lorsque le sperme en est dépourvu, comme cela paroît avoir lieu dans la syphilis, d'après les observations du Dr Carré, communiquées à M. Richerand[1], cela ne peut-il pas dépendre d'une altération qu'éprouve la liqueur séminale dans les expériences auxquelles on la soumet, et d'une influence destructive de cette faculté, qu'exerce sur ses élémens la maladie vénérienne?

Quoi qu'il en soit, ce fluide, sécrété par les testicules, arrive, par la contraction ondulatoire des conduits déférens, dans les vésicules séminales. C'est de ces deux réservoirs, dont les parois sont contractiles, que, délayé par le mucus que produit la membrane qui les tapisse, il s'échappe, dans l'acte du coït, à travers les tubes éjaculateurs, pour se rendre dans l'urèthre, où ces tubes vont s'ouvrir, et où il se mêle avec le mucus uréthral et l'humeur prostatique.

En même temps que les organes producteurs de la liqueur prolifique, les vaisseaux déférens qu'elle parcourt et les vésicules où elle se rend, se développent, le pénis, qui est son dernier conduit, s'accroît dans la même proportion. Les corps caverneux, qui en font partie, prennent plus de volume; l'urèthre, qui est situé dans leur écartement, et auquel ils sont intimement unis, augmente comme eux en longueur et en diamètre, et son tissu qui s'épanouit pour former le gland, acquiert une plus grande érectilité.

---

[1] *Physiol.* tom. II p. 440, 9ᵉ édit.

Il devient susceptible aussi d'éprouver cette modification vitale, inconnue dans sa nature, dont la perception vive et agréable provoque les désirs vénériens.

Est-ce le cervelet ou plutôt son lobe médian qui détermine cet état particulier du conduit excréteur de la liqueur séminale ? Plusieurs faits pathologiques et physiologiques autorisent à le penser. Dans six individus atteints d'apoplexie cérébelleuse, il survint une érection du pénis qui persista jusqu'à l'extinction de la vie, et on trouva alors le lobe médian du cervelet conservant des traces évidentes d'irritation ; dans deux individus du sexe féminin, la même affection coïncidoit avec une exaltation extrême des désirs vénériens (Serres, *Anatomie comparée du cerveau*, t. II, p. 601 et suiv.). Une femme et un homme, d'un âge très-avancé, moururent subitement dans l'acte même du coït, et, à l'ouverture de leurs cadavres, on trouva le cervelet infiltré de sang. La même lésion fut observée dans un vieillard qui mourut subitement aussi la première nuit de ses noces. L'érection qui survient dans le supplice du gibet dépend probablement de l'état d'excitation où se trouve le cervelet par le sang qui l'engorge. Cette érection s'observe encore dans l'arachaité cérébelleuse, et on peut la produire à volonté sur les animaux vivans, en irritant la région moyenne du cervelet. Enfin, en général, le développement de cet organe se trouve en rapport avec celui de l'appareil générateur.

Mais s'ensuit-il de tout cela qu'il soit, comme on l'a dit, le siége de l'*amour du sexe?* Non, sans doute, car cet amour est un sentiment, qui est quelque chose d'*immatériel*, qui, par conséquent, ne peut avoir de siége, et la matière ne peut sentir. Le cervelet ne peut donc agir, dans le phénomène de la reproduction, qu'en transmettant, par l'intermédiaire de son prolongement vertébral, le principe qui produit la modification organique perceptible, que le pénis éprouve et dont les nerfs sensitifs transmettent à leur tour l'impression.

Les organes génitaux de la femme, c'est-à-dire le clitoris, le vagin avec ses dépendances, l'utérus avec ses trompes conductrices du produit de la conception, et les ovaires où ce produit reçoit la vie, et d'où il s'échappe après la fécondation, prennent, à la puberté, le même développement que ceux de l'homme. Le clitoris, qui, chez elle, est le siége de la modification vitale dont nous venons de parler, devient plus volumineux, plus érectile, et fait naître les plus vives sensations, qui quelquefois donnent lieu à la nymphomanie. On l'a vu causer l'abrutissement, produire l'idiotisme chez une infortunée qui n'avoit point su résister à ses impulsions ; et ce qui démontre qu'il étoit la source réelle de cette dégradation déplorable , c'est qu'elle se dissipa entièrement par son ablation[1]. A cette preuve matérielle que le désir vénérien est exclusivement provoqué par le clitoris , on peut ajouter les faits qui démontrent que ce désir peut naître malgré l'absence du vagin et de la matrice , et qu'il ne se fait point sentir si le clitoris vient à manquer. C'est le développement excessif de cet organe qui a fait croire à l'herma-phrodisme dans la femme , comme dans l'homme les petites dimensions du pénis , coïncidant avec l'absence de la plus grande partie de l'urèthre , qui venoit s'ouvrir à sa racine ou au périnée.

En même temps que le clitoris se développe , le vagin prend de l'étendue , des plis , destinés à favoriser l'augmentation de capacité qu'il doit acquérir lors de l'accouchement, se forment dans son intérieur ; les dimensions de l'utérus s'accroissent, un flux sanguin périodique s'y établit[2], afin de le disposer aux excitations qu'il doit éprouver par la suite ; les ovules, qui sont ren-

---

[1] *Nouv. Bibl. méd*, octobre 1825, p. 256.

[2] Ce flux a quelquefois lieu par des voies insolites, telles que les narines , les conjonctives , les oreilles , la vessie, le système cutané, etc. Dans le mode normal, il est toujours annoncé par des lassitudes spontanées, des bouffées de chaleur au visage, avec une plus ou moins vive coloration de cette région, des douleurs lombaires, etc.

fermés dans les ovaires, apparoissent, et forment dans leur intérieur les rudimens des fœtus qui doivent naître ; et les trompes, destinées à conduire le produit de la conception dans la matrice, allongent leur tube, et étendent leur pavillon frangé.

Cette impulsion donnée aux organes génitaux de la femme, se communique à toutes les régions du système cellulaire sous-cutané. Les traits deviennent plus doux, toutes les formes s'arrondissent. Mais c'est surtout au tour du cou, aux épaules, sur le devant du thorax, que le développement de ce tissu est bien marqué ; il enveloppe, par une couche hémisphérique, dans cette dernière région, les glandes mammaires, qui prennent un accroissement rapide.

A ces changemens physiques se joignent, dans l'homme comme dans la femme, une révolution au moral qu'il est important de considérer.

Dans l'homme, d'abord un sentiment qui a sa source dans la perception de l'impression que fait sur lui le développement de ses organes reproducteurs, naît au fond de son âme. Ce sentiment, jusqu'alors inconnu, le poursuit, l'assiége sans cesse ; il désire, et ne peut se rendre compte de l'objet de ses désirs ; il est agité, tourmenté ; des images qu'il se crée, toutes vagues, tout indécises qu'elles sont, font palpiter son cœur ; il soupire. Poussé par un instinct secret, il voudroit se rapprocher des jeunes individus de l'autre sexe, et un autre sentiment instinctif, la pudeur, sorte de frein destiné à réprimer les transports de son âme, l'en éloigne irrésistible-ment. C'est le premier qui le fait tressaillir à leur rencontre ; c'est le second qui couvre son front d'une aimable rougeur.

Mais, peu à peu, en même temps que son or-ganisation prend un nouveau degré de dévelop-pement, que son esprit s'éclaire sur l'objet qu'il désire, ses idées, auparavant si vagues, pren-nent de la fixité, et ses désirs acquièrent chaque jour un nouveau degré de violence. Alors un air d'assurance se répand sur sa physionomie ; la pudeur ne colore plus son front ; ce n'est plus cet adolescent timide qui, agité, tout tremblant devant la femme, ne pouvoit que balbutier. Ses gestes, ses attitudes, le ton de sa voix, la vivacité de ses regards, l'ardeur de ses expressions, tout annonce un cœur que l'amour du sexe embrase, et qu'il va bientôt entraîner dans les plus fu-nestes désordres, si la raison et les lois morales ne viennent le diriger.

Aussi s'il ne sait point alors résister aux im-pressions de ses organes, s'il obéit à leur impul-sion, ses désirs vont s'accroissant sans cesse, la soif de jouir le dévore ; devenu incapable de penser, dominé par une idée exclusive, atteint d'une véritable monomanie, ne pouvant plus sentir, ou plutôt maîtrisé par un seul sentiment, il s'abrutit, il oublie tous ses devoirs, il perd de vue la véritable route de la vie, son cœur se dégrade comme son esprit ; et, tombant de la hauteur de sa dignité originelle, s'éloignant de plus en plus de ses destinées, entraîné par la sensation brutale qui le subjugue, il se ravale au niveau de l'animal.

C'est donc à cette époque si dangereuse de la vie, que l'homme a le plus besoin de s'armer contre lui-même, et de réprimer ses dangereux désirs. C'est à cet âge surtout que, fixant son esprit sur les grandes vérités morales, sur tous les devoirs qui lui sont imposés, il doit résister vivement à l'impulsion de ses organes, et ne faire naître dans son âme que des affections dignes de lui. Heureux, trois fois heureux, celui qui saura se connoître, s'apprécier, et maîtriser, par le sentiment de ce qu'il est et l'estime qu'il doit avoir de lui-même, la plus terrible et la plus funeste des passions ! Que d'agitations, que de peines cruelles, que d'angoisses, que de palpitations douloureuses, que de maux physiques et moraux de toute espèce, que d'actions criminelles, peut-être, et que de remords, il saura s'épargner !

De même que dans l'adolescent, un trouble inconnu s'élève dans l'âme de la jeune fille qui a atteint la puberté. Un désir secret l'agite, elle devient rêveuse, elle cherche la cause de son agitation, et ne la peut trouver; elle interroge son cœur, et son cœur, encore muet, ne peut répondre. Sa curiosité inquiète l'entraîne quelquefois hors d'elle-même; mais, alors qu'elle est avide de connoître, au-dehors tout l'intimide, tout l'alarme, tout la blesse, un regard la fait rougir.

Cependant, à mesure que son organisation se met en harmonie avec sa destinée, que le système cellulaire sous-cutané prend plus de développement, perfectionne toutes les formes, répand de la douceur sur tous les contours, à mesure que sa voix devient plus douce, plus flexible, la femme, jusque là si timide, instruite de l'objet de ses désirs, s'enhardit peu à peu; elle sent tout son pouvoir, et veut le mettre en exercice; et, quoique la pudeur, cette sauvegarde précieuse de sa vertu, plus puissante encore que dans l'homme, parce qu'elle devoit y trouver sa seule défense, ne la quitte jamais, ses traits s'animent davantage, ses yeux prennent plus d'éclat ou plus de langueur, ses gestes, ses mouvemens sont plus décidés; à tous ses autres désirs vient se joindre celui de plaire, qui se manifeste dans ses yeux, dans ses traits, dans ses mouvemens, ses attitudes, et surtout dans son ajustement; désir qui doit durer autant que sa vie, et qui sera pour elle la source de bien des douleurs.

Alors naissent, comme dans l'homme, les agitations du cœur, les peines amères; tourmens d'autant plus sensibles qu'il faut les dissimuler, se contraindre; la pudeur l'inspire, la vertu le commande... Heureuse encore si, restant soumise à son empire, elle n'a jamais à gémir d'aucun égarement! C'est à cet âge surtout qu'une religion, qui est tout amour, doit remplir son âme naturellement si tendre. Ce n'est que là qu'elle peut trouver le plus puissant appui pour sa foiblesse, et le plus sûr garant de son bonheur.

Tous ces changemens, opérés par la puberté, ne se manifestent pas au même âge dans les divers individus des deux sexes, ni dans tous les climats.

En général, c'est de quatorze à seize ans que l'homme devient pubère. Dans la femme, un peu plus précoce, c'est de douze à quatorze ans que le flux mensuel s'établit. Ce flux, qui est une exhalation sanguine de la muqueuse de l'utérus, et qui est destiné à entretenir dans le tissu de cet organe une vitalité propre à déterminer son développement après la conception; ce flux, dis-je, dont la privation rend la femme stérile, se tarit ordinairement à quarante ans.

La puberté est plus ou moins précoce, selon que le climat est plus ou moins chaud. Dans les régions équatoriales, à dix ans, et souvent même avant cet âge, les jeunes filles sont nubiles, et il est très-commun d'y rencontrer des jeunes mères.

de neuf ans. Dans les climats froids, au contraire, ce n'est guère qu'à 18 ans que les signes de la puberté se manifestent. Cette influence des climats s'étend encore au flux mensuel, qui est très-fréquent, presque continuel, et très-abondant dans les régions australes, et qui n'a lieu qu'en très-petite quantité, et seulement deux ou trois fois l'an, dans les climats hyperboréens.

Mais quelle que soit la précocité ou l'arrivée tardive de la puberté, elle coïncide toujours avec le développement des organes génitaux, parce que tous ses phénomènes sont liés à la fonction génératrice, qui, sans ces organes, ne pourroit s'accomplir; et ici nous devons remarquer une autre harmonie non moins admirable que toutes celles que nous avons déjà observées, et plus générale encore, car non seulement elle s'étend à un grand nombre de parties, tels que les systèmes cutané, cellulaire, adipeux, l'appareil vocal, et le musculaire, mais encore elle lie entre eux d'une manière intime le moral et le physique, qui doivent concourir l'un et l'autre à l'acte de la reproduction.

Lorsque, dans l'un et l'autre sexe, les organes les plus importans de cette fonction, les testicules chez l'homme, et les ovaires chez la femme, manquent ou ne se développent que d'une manière incomplète, ces irradiations synergiques ne s'effectuent point. Dans l'homme, la

voix demeure enfantine par le défaut de développement de l'appareil vocal, le menton ne se
recouvre point de poils, la contractilité musculaire a peu d'énergie, les désirs vénériens sont
foibles ou nuls, parce que la modification organique perceptible qui les produit n'a point lieu ;
et l'absence de l'influence de ses désirs sur le
moral de l'homme, est la cause de cette froideur
et de ce défaut d'énergie que l'on y remarque.
Ces phénomènes surviennent même dans la castration, où, par la suppression d'un seul organe,
les testicules, toute l'organisation semble rétrograder.

Chez la femme, le développement imparfait
des ovaires, alors même que la matrice avec
toutes ses dépendances existe, rend moins vifs
ou anéantit complètement les désirs vénériens,
ainsi que, dans l'homme, l'imperfection des
testicules ; tandis que l'absence même de l'utérus n'empêche pas ces désirs de naître, comme
l'anatomie pathologique l'a plusieurs fois démontré.

Mais ces mêmes désirs, quelque vifs qu'ils
puissent être, ne sont alors d'aucun fruit pour la
conception, qui exige, pour s'accomplir, l'entier développement de tous les organes reproducteurs, dans les deux sexes.

CHAPITRE DEUXIÈME.

DE LA CONCEPTION.

LA pudeur préside à ce grand acte, qui est à la fois physique et moral ; et ce sentiment irrésistible qui force l'homme et la femme à se dérober à tous les regards, tourne au profit de l'espèce : rien alors ne distrait ni leur esprit, ni leur cœur ; ils se livrent tout entiers au penchant qui les entraîne, et il en résulte une concentration des forces vitales sur les organes génitaux, qui rend leurs fonctions plus énergiques.

Une autre sorte de pudeur, propre à l'espèce humaine, celle qui feroit rougir l'homme de sa nudité, et qui le force de la voiler dans la vie sociale, favorise aussi la conception ; elle rend, dans le rapprochement des sexes, leur impression mutuelle plus vive, et donne plus d'ardeur à leurs désirs. Les peuples les moins pudiques, sont aussi les moins féconds. Cela est surtout manifeste dans ceux que la chaleur du climat qu'ils habitent contraint à aller demi-nus [1].

L'homme prend part à la conception par la liqueur fécondante qu'il projette dans les parties sexuelles de la femme. Mais pour que cette projection puisse s'opérer, il faut que le conduit excréteur de la semence y pénètre, qu'il surmonte la résistance que lui opposent l'hymen, lorsqu'il existe [2], et l'orifice du vagin lui-même, entouré d'un anneau érectile (le tissu réticulaire), et d'un muscle constricteur, qui tendent à le rétrécir. Or, pour vaincre cette résistance, il faut nécessairement qu'il entre en *érection*.

Ce phénomène synergique est déterminé par des impressions visuelles ou tactiles, par celle de la liqueur séminale sur les parois des vésicules qui la renferment et qu'elle distend et irrite, et enfin par la mémoire et l'imagination. Ces influences diverses produisent par l'intermédiaire du cervelet, et surtout par le lobe médian de cet

---

[1] Nous disons demi-nus, parce qu'il n'est aucun peuple dont la nudité soit entière, et que la pudeur ne force à voiler les organes de la génération, à moins qu'ils ne soient tombés dans une dégradation complète.

[2] L'hymen, que l'on regarde comme un signe de virginité, n'est rien moins qu'une preuve manifeste de cet état physique. Il peut ne point exister; il peut avoir été détruit par différentes maladies, et d'autres accidens particuliers; et, d'un autre côté, la défloration peut ne point le détruire, lorsqu'il est peu développé, que son tissu est lâche, ou que l'orifice du vagin a une certaine largeur.

organe, une irradiation nerveuse sur le pénis, qui éprouve alors la modification vitale perceptible, dont nous avons parlé dans le chapitre précédent ; le sang artériel afflue avec plus d'abondance dans le tissu de l'urèthre ; ce canal s'allonge, se dilate dans ses parois, diminue de diamètre, et efface les replis de la muqueuse qui le tapisse pour rendre plus rapide et plus facile l'émission de la liqueur séminale qui doit le parcourir. En même temps la vitalité de cette membrane change, elle ne peut plus supporter l'impression du fluide urinaire, qu'elle repousse ; la partie qui forme le gland se tuméfie, et l'afflux sanguin envahit les corps caverneux qui se dilatent et roidissent. Les testicules prennent part à cette excitation ; ils se gonflent, le scrotum se contracte, les comprime, et les porte vers l'anneau inguinal, tandis que le crémaster, qui les enveloppe, ajoute à cette pression, et en exprime, pour ainsi dire, la liqueur séminale, qu'il fait affluer en abondance dans les canaux déférens. Alors une sensation voluptueuse se développe, le désir de la copulation va toujours croissant ; et lorsque, après l'introduction du pénis dans le vagin, l'excitation organique est arrivée à son terme, les vésicules séminales se contractent synergiquement, aidées en cela par l'action comme convulsive des releveurs de l'anus qui les compriment ; les canaux éjaculateurs de ces mêmes

vésicules lancent dans l'urèthre, par des contractions successives, la liqueur qu'elles leur transmettent, et les muscles bulbo-caverneux la font
jaillir de ce dernier conduit, dans l'intérieur du
vagin. On a donné le nom *d'éjaculation* à ce
phénomène qui se développe sous l'influence de
la région lombaire de la moelle épinière et qui
est accompagné d'un spasme général mêlé d'une
sensation de volupté pénétrante, à laquelle suc-
cède un grand abattement. Cette langueur générale, qui n'est pas proportionnée à la perte matérielle qui la précède, indique assez que le
système nerveux tout entier a été en travail, et
qu'il s'est fait une déperdition considérable du
principe de la vie [1].

Mais que se passe-t-il au-delà du vagin après
qu'il a reçu le liquide prolifique? On l'ignore;
on sait, à la vérité, qu'au moment de la conception, les trompes utérines embrassent les
ovaires au moyen de leur pavillon frangé, et y
amènent la liqueur fécondante, que la matrice
a comme aspirée [2]; mais quant au mécanisme
intérieur de la fonction reproductrice, il est entièrement inconnu. C'est en vain que l'esprit hu-

---

[1] Cela explique les funestes effets d'une copulation trop
fréquente, et surtout de la masturbation.

[2] L'obstruction des trompes par une excitation trop vive,
par un coït trop répété, ou par une inflammation acciden-
telle, etc., peut être une cause de stérilité.

main s'évertue depuis des siècles pour pénétrer ce mystère impénétrable , qui s'est toujours dérobé, et se dérobera long-temps encore à toutes ses investigations.

Dira-t-on que la liqueur séminale de l'homme se mêle avec celle de la femme, et que de leur mélange résulte la production de l'embryon? Mais d'abord la femme est dépourvue d'humeur prolifique, et les recherches les plus minutieuses n'ont jamais pu y faire découvrir d'organes propres à cette sécrétion ; et , en second lieu, la fécondation s'opère quelquefois sans introduction du pénis, comme lorsque le vagin, presque entièrement oblitéré, n'offre qu'une ouverture capillaire ; de telle sorte que les physiologistes ont été forcés d'admettre un principe très-subtil, un *aura seminalis* pour expliquer, dans ces cas , le phénomène de la conception.

Dira-t-on encore, ce qui est l'opinion la plus généralement adoptée aujourd'hui, que la liqueur séminale de l'homme n'entre pour rien dans la formation de l'embryon, qu'elle ne fait que féconder les ovules, qui le forment dans leur intérieur par une sécrétion particulière, de manière que la femme le produit seule et qu'il lui appartient tout entier? Mais comment expliquer, dans cette hypothèse, les ressemblances si frappantes qui ont si souvent lieu entre les enfans et leurs pères? Si réellement ceux-ci ne font que fécon-

III.   12

der, qu'imprimer un mouvement vital, une faculté de développement, à quoi tiennent ces ressemblances, où non-seulement les traits, mais encore les dispositions morales des uns, sont fidèlement retracés par les traits et les dispositions des autres? Vainement diroit-on que « l'embryon est semblable à une cire molle qui » reçoit aisément l'impression d'un cachet gravé, » et que celle de la liqueur séminale doit agir sur » lui d'une manière efficace »; il faudroit auparavant nous apprendre, d'abord comment les traits du père se trouvent renfermés dans son sperme, et ensuite de quelle manière ils s'impriment sur des parties qui ne sont pas encore développées, et à travers les parois des vésicules qui renferment les rudimens du fœtus. On répondra sans doute que cela s'effectue *par un certain mode d'action, par une modification particulière qu'éprouvent ces vésicules et ces rudimens, etc.;* et l'on nous convaincra de plus en plus que lorsqu'on voudra pénétrer dans ces profondeurs on ne fera que s'y égarer.

Les mêmes observations sont applicables à la théorie de MM. Dumas et Prevost, de Genève, qui pensent que le fœtus n'est qu'un des animalcules de la liqueur séminale, qui va se loger dans l'ovule pour s'y développer; car nous demanderons encore ici d'où provient la ressemblance si fréquente des enfans avec les mères, qui, dans cette hypothèse, ne fournissent que l'enveloppe ou la *gangue* du fœtus.

Tout est donc mystérieux dans le grand acte de la reproduction de l'homme, devant lequel notre intelligence orgueilleuse doit s'humilier. Nous n'en connoissons que les phénomènes extérieurs ; tout ce qui se passe dans la profondeur de l'organe où il s'opère nous échappe. Nous savons seulement que de la fonction copulative résulte le développement d'un ovule qui, se détachant de l'ovaire dont il fait partie, se rend dans la matrice, où l'embryon qu'il renferme doit se nourrir et croître comme nous le dirons dans le chapitre suivant[1].

Un phénomène admirable dans la conception, c'est le rapport constant qui existe entre la production des mâles et celle des individus du sexe féminin, rapport qui est tel que les premiers sont toujours, dans tous les temps et dans tous les lieux, plus nombreux que les seconds[2]! Qui pourroit méconnoître ici un dessein providentiel de la puissance créatrice, qui a voulu que le sexe exposé à plus de dangers l'emportât sur

---

[1] Les ovaires forment l'organe essentiel de la conception dans la femme, comme le prouve la stérilité des femelles des animaux après leur extirpation. Dans l'homme, ce sont les testicules, comme la castration le démontre.

[2] Le nombre des premiers est à celui des seconds :: 16 : 15.

l'autre par le nombre, afin qu'après les pertes inévitables que ces dangers entraînent, ils se trouvassent entre eux dans une juste proportion? Merveilleuse harmonie! soins manifestes de cette divine Providence, qui a l'œil toujours ouvert sur la création, et prévient, par ces rapports conservateurs, les désordres sociaux qui naîtroient de la prédominance de l'un ou de l'autre sexe! Ces observations démontrent assez l'absurdité du système où l'on considère l'ovaire droit comme formant les embryons mâles, et le gauche les embryons femelles, et où, en supposant que la fécondation des uns ou des autres dépend de la position que l'on prend dans le coït, on attribue follement à chaque individu le pouvoir de produire à son gré l'un ou l'autre sexe.

Un autre phénomène non moins remarquable, et qui est en harmonie avec les destinées de l'homme, c'est sa reproduction dans tous les temps et dans tous les lieux, parce qu'il devoit habiter toutes les régions de la terre; bien différent en cela des animaux, qui n'entrent en rut qu'à des époques déterminées, et dans les climats qui leur sont naturels, parce que leur parallèles d'existence sont tracés d'une manière invariable, et qu'ils ne doivent point les dépasser.

La faculté fécondante varie selon les individus ; plus la liqueur séminale a de la densité et contient davantage de la matière épaisse et grumeleuse qui la constitue essentiellement, plus elle est prolifique.

La fécondité varie chez la femme selon la régularité du flux mensuel, l'aspiration plus ou moins active de la liqueur séminale par l'utérus, sa transmission plus ou moins parfaite par les trompes de cet organe aux ovaires, et le nombre plus ou moins considérable d'ovules dont ces derniers sont composés.

Un flux mensuel trop abondant entraîne les ovules fécondés que l'utérus renferme, et produit de nombreux avortemens ; et, lorsqu'il est trop peu considérable, la matrice n'a pas assez de vitalité pour fournir à la nutrition du fœtus, qui alors ne peut s'y développer.

La fécondation ne peut avoir lieu si le sperme n'est point aspiré par la matrice, si les trompes de ce viscère ne jouissent point d'une contractilité suffisante pour le transmettre aux ovules, ou si cette contractilité, trop énergique, y détermine, dans le coït, un resserrement spasmodique qui s'oppose à cette transmission. C'est cette cause qui rend le plus souvent stériles les femmes ardentes, et celles qui abusent des plaisirs vénériens.

Enfin plus le nombre des ovules est considérable, plus la femme est douée de fécondité.

Cette faculté s'éteint à l'époque de la cessation des règles ; les ovules s'affaissent, se rétrécissent et finissent par s'effacer.

Dans l'homme, les moyens générateurs persistent plus long-temps que dans la femme, et il n'est pas rare de voir des vieillards posséder à un âge très-avancé la faculté de se reproduire. Toutefois, en général, à soixante ans, elle se montre très-affoiblie, et de soixante à quatre-vingts elle s'éteint d'une manière complète : les testicules s'affaissent, perdent de leur consistance, diminuent de volume, et ne sécrètent plus de liquide séminal. Il ne se fait plus d'afflux nerveux sur le pénis ; ni les perceptions visuelles, ni les tactiles, ni la mémoire, ni l'imagination, n'ont plus sur lui d'empire, et malgré toutes ces influences réunies, il demeure dans la flaccidité.

CHAPITRE TROISIÈME.

DE LA VIE UTÉRINE.

———

Dès que l'humeur prolifique a été lancée dans le vagin, que la matrice l'a transmise à ses trompes, que ces conduits, dont les parois sont contractiles, l'ont portée par un mouvement péristaltique jusqu'aux ovaires, qu'elles ont déjà saisis au moyen de leur pavillon frangé, et qu'une des vésicules qui entrent dans la composition de ces organes a été soumise à l'influence du sperme, cette vésicule éprouve une sorte d'inflammation, se déchire, et, de son intérieur, sort un ovule, qui tombe dans une des trompes, et de là se rend dans la cavité de l'utérus ; c'est là le cas le plus ordinaire. Mais quelquefois aussi cet ovule ne se sépare point de la vésicule qui le renfermoit ; de là la grossesse ovarique, phénomène très-rare, de courte durée parce que l'embryon ne peut se développer, et meurt bientôt en entraînant, pour sa mère, de plus ou moins graves désordres.

D'autrefois, l'ovule s'échappe d'entre les bords libres du pavillon de la trompe et l'ovaire, et tombe dans l'abdomen, où il contracte des adhérences; le fœtus s'y nourrit pendant quelque temps, meurt ensuite faute de nourriture, et donne lieu à des abcès abdominaux qui en offrent les débris. Il est aussi des cas où il se développe dans le canal de la trompe, qu'il n'a pu franchir entièrement; toutes ces grossesses prennent le nom générique de *grossesse extra-utérine*. Enfin, et ce qui est plus rare, on a vu l'embryon se développer dans les parois mêmes de la matrice, dans la région où les trompes viennent s'ouvrir. Cette grossesse, qu'on nomme *interstitielle*, est plus fréquente dans l'angle tubaire gauche que dans le droit. Le déchirement de l'utérus, et la chute du fœtus dans la cavité abdominale, ont lieu du premier au deuxième mois de la conception, rarement au-delà, et la mort de la mère, le premier ou le deuxième jour de cet accident funeste.

Quelquefois plusieurs ovules, fécondés par la même copulation, se détachent à la fois, ou d'une manière successive, de l'ovaire: ce qui constitue la conception composée ou multipare[1].

---

[1] Les rapports des conceptions simples aux conceptions multipares, observés à l'hospice de la Maternité de Paris, sont

Lorsque deux ovules sont fécondés séparément, ou dans deux actes copulatifs plus ou moins éloignés l'un de l'autre, il y a ce que l'on appelle *superfétation*. Cette conception ne peut avoir lieu qu'autant que la liqueur prolifique peut, dans le second coït, parvenir à l'ovaire. Lorsqu'un ovule est descendu dans la matrice, la capacité de cet organe est totalement remplie par ce produit de la conception ; d'ailleurs la membrane caduque, qui la tapisse, en recouvre tous les orifices, de sorte que la superfétation est alors évidemment impossible. Aussi faut-il regarder comme des faits apocryphes, ceux dans lesquels on

les suivans : sur 37,441 accouchemens, il y en a eu

36,992 unipares,

444 bipares,

5 tripares.

La conception peut être quadripare, et même quintipare, et c'est là le dernier terme bien constaté.

Dans les conceptions multipares, les ovules sont, en général, distincts ; chaque embryon a son enveloppe particulière. Lorsqu'ils sont renfermés dans une même poche, ce qui a lieu lorsqu'ils s'est produit plusieurs germes dans le même ovule, ils peuvent contracter entre eux des adhérences plus ou moins étendues, pénétrer même l'un dans l'autre ; et de là viennent ces accòlemens que l'on remarque après la naissance, et ces tumeurs développées dans l'abdomen de certains individus, et contenant des débris osseux, des cheveux, et autres élémens organiques dont la nature démontre évidemment l'origine.

montre de nouvelles conceptions à quatre mois, cinq mois, etc, de grossesse. On peut avancer hardiment qu'au-delà du huitième jour, époque de l'arrivée de l'embryon dans l'utérus, et de la formation complète de la membrane caduque, une nouvelle conception ne peut avoir lieu, à moins toutefois que la grossesse ne soit extra-utérine, ou que la matrice ne fût double, c'est-à-dire bifide ou divisée en deux par une cloison longitudinale, ce qui est extrêmement rare. Si, dans certains accouchemens, on a vu un fœtus à terme naître avec un autre qui paroissoit avoir été conçu à une époque assez avancée de la grossesse, cela vient de ce que le développement de celui-ci, dont la conception datoit de la même époque que celle du premier, avoit été entravé dans sa marche par quelque circonstance particulière, comme une compression forte que l'autre lui avoit fait éprouver, une maladie mortelle, etc ; aussi observe-t-on, dans ces circonstances, que l'organisation de ces fœtus est incomplète, et qu'ils sont morts depuis que leur accroissement s'est suspendu.

Après que l'ovule fécondé est sorti de la vésicule qui le renfermoit, les bords de la déchirure qui lui a livré passage se rapprochent, se réunissent à la manière des autres lésions de continuité, et la cicatrice qui en résulte est une trace ineffaçable qui indique la place qu'il occupoit ;

aussi peut-on juger, par le nombre des cicatrices ovariques, de celui des enfans qu'une femme a conçus.

En même temps il survient dans les parois de l'utérus une fluxion sanguine qui en augmente la nutrition; sa surface interne, sur-excitée, exhale de tous ses points une espèce de fausse membrane, *la membrane caduque*, et le flux mensuel n'a plus lieu. Il doit servir à la nutrition du fœtus qui va bientôt arriver dans la matrice.

A peine, en effet, l'ovule est-il sorti de la vésicule ovarique, que les trompes le transportent, par un mouvement péristaltique, dans la cavité de l'utérus. A mesure qu'il y pénètre il pousse au-devant de lui la fausse membrane dont nous venons de parler, en rompt peu à peu les adhérences, excepté à la région où doit se développer le placenta, et finit par s'en recouvrir comme d'une enveloppe. Il se présente alors sous la forme d'une masse globuleuse, dont la surface extérieure, hérissée de filamens, débris de ces adhérences, a un aspect cotonneux, et dont l'intérieur n'offre qu'une vésicule transparente, remplie d'un liquide comme gélatineux où aucune trace d'organisation n'est sensible. C'est dans cette vésicule que va bientôt se manifester le phénomène admirable du développement du fœtus, dont nous allons exposer succinctement la marche.

Au milieu du fluide qu'elle renferme, apparoissent d'abord deux segmens vasculaires qui se correspondent par leur concavité; ce sont les élémens de l'aorte. Ces deux segmens se réunissent ensuite, et forment un vaisseau complet, dont l'extrémité supérieure, qui est renflée, et sous la forme d'un point rougeâtre, et qui, par ses contractions met en mouvement le liquide que le vaisseau renferme, constitue le cœur. En même temps on apperçoit des linéamens rougeâtres partant du tronc principal, et allant se perdre dans divers points de la vésicule. Ces linéamens sont formés primitivement, comme l'aorte, de deux segmens vasculaires longitudinaux qui se réunissent ensuite par leurs bords. Tel est le mécanisme du développement du système artériel, réservoir général de tous les élémens de l'organisme. Le système veineux le suit de près.

Pendant ce développement, qui s'effectue dans le premier mois de la conception, la trame des organes abdominaux et thorachiques se dessine. Tous sont composés de deux moitiés similaires qui se réunissent ensuite l'une à l'autre, lorsque leur accroissement est terminé. On en voit sortir des filets nerveux qui se dirigent vers le canal que doit occuper la moelle épinière; preuve évidente que les nerfs organiques ne proviennent point de cette moelle, mais se développent dans l'intérieur même des tissus. Ces nerfs se réunissent ensuite sur une ligne médiane, près de cette même moelle, avec les nerfs du même côté, par des filets ascendans et descendans, et forment ainsi une chaîne nerveuse non interrompue depuis le sacrum jusqu'au crâne.

Le canal rachidien, qui commence alors à se former, est triple. La première enveloppe ou l'extérieure, que les arcs des côtes précèdent', offre une suite de segmens cartilagineux placés les uns au-dessus des autres, qui, en se réunissant, d'abord antérieurement et ensuite postérieurement, forment la colonne vertébrale, dont l'extrémité supérieure, qui n'est, selon l'idée de M. Duméril qu'une vertèbre renflée, forme le crâne, et l'inférieure le sacrum avec son appendice coccygien.

La seconde enveloppe, qui est membraneuse, renferme un liquide d'un gris-rougeâtre qui doit constituer par la suite la matière grise de la moelle épinière.

Enfin la troisième se présente sous la forme de deux lames isolées s'étendant de l'un et de l'autre côté sur la surface interne de l'enveloppe membraneuse, d'une part, jusqu'à l'extrémité du coccyx, et, de l'autre part, jusque dans le crâne, où elles circonscrivent latéralement trois vésicules qui se remarquent dans cette cavité.

Ces trois vésicules sont les rudimens , l'antérieure de l'encéphale , la moyenne des tubercules quadrijumeaux , et la postérieure de la moelle allongée. Elles renferment un liquide gris-rougeâtre , comme le conduit membraneux rachidien.

A cette époque le globe de l'œil est bien formé; il se montre sous la forme d'un point noir, qui tranche sur la couleur grisâtre de la vésicule, et que bientôt les paupières recouvrent. On trouve, au fond, le nerf optique complètement développé, et ne pénétrant point dans le crâne ; ce qui démontre incontestablement qu'il ne proviennent point du cerveau.

Pendant le deuxième mois , le système artériel prend plus d'amplitude : le système nerveux cérébro-spinal acquiert un nouveau degré d'accroissement.

Dans le canal rachidien, les deux lames nerveuses qu'il renferme s'élargissent, enveloppent le liquide gris-rougeâtre du conduit membraneux, en s'interposant entre l'un et l'autre, et finissent ensuite par se réunir. Cette réunion commence par la région inférieure de ces lames , et s'opère à l'aide de faisceaux transversaux, qui des bords de l'une se portent aux bords de l'autre.

Dans le crâne, les lames nerveuses qui circonscrivent les vésicules encéphaliques , s'étendent comme celles de la moelle épinière dans le canal vertébral.

Le nerf optique pénètre alors dans le crâne; et tandis que ceux de la cinquième paire, qui naissent de tous les muscles de la face et des appareils des sens, sont libres dans cette cavité, il s'insère, en se croisant par ses fibres internes avec son congénère, sur les tubercules quadrijumeaux.

Alors aussi se montrent la septième et la huitième paire, et les élémens du cervelet. Ce dernier organe, qui suit l'apparition des artères intervertébrales, n'est alors formé que de deux lames situées entre la moelle allongée et les tubercules quadrijumeaux, et dirigées transversalement sur le plancher du quatrième ventricule.

Dans le troisième mois, l'artère carotide interne produit des ramifications nouvelles, telles que les artères des pédoncules cérébraux, et celles des corps striés. En même temps paroissent les vertébrales, les axillaires, les transverses, qui vont se ramifier sur la moelle épinière, les iliaques et les hypogastriques, tandis que les intercostales, et l'artère sacrée moyenne perdent de leurs dimensions.

De ce changement survenu dans le système artériel, il en résulte de remarquables dans les organes encéphaliques, dans la moelle épinière, et dans son canal osseux. Les lames de la vésicule cérébrale s'élèvent, puis se dirigent en dedans, et convergent l'une vers l'autre sur la ligne médiane, où elles se rencontrent, et forment ainsi les lobes cérébraux, entre lesquels s'interpose la dure-mère.

C'est par le même mécanisme que se forment les tubercules quadrijumeaux, qui ne sont encore qu'à deux lobes, la moelle allongée, où un léger sillon longitudinal indique la réunion des lames dont elle étoit primitivement composée, et enfin le cervelet, qui prend alors plus de développement.

Mais il n'en est pas de même de la moelle épinière, qui devient relativement moins volumineuse que l'encéphale, qui perd même de sa longueur, et abandonne le canal coccygien, par la diminution des artères intercostales; ce qui donne lieu à la formation de la *queue de cheval*, par le changement de la direction des nerfs sacrés, que rend oblique l'ascension de la moelle.

Toutefois, en même temps que les artères axillaires et iliaques se développent, et que se prononcent les membres thorachiques et abdominaux, on voit paroître, sur l'un et l'autre côté de la moelle épinière, deux renflemens nerveux correspondant à chacun de ces membres. Il semble que ces renflemens remplacent le prolongement caudal médullaire, qui s'efface, et dont le conduit osseux perd aussi chaque jour de ses dimensions par l'oblitération toujours croissante de l'artère sacrée moyenne.

Alors aussi le système osseux, qui n'est encore qu'à l'état de cartilage, et le système musculaire, dont les fibres ont été jusqu'ici peu apparentes, se prononcent davantage. C'est dans les côtes que l'ossification commence; elle s'étend ensuite aux vertèbres, puis au crâne, et enfin aux diverses parties des parois de la cavité pelvienne, savoir : l'iléon, l'ischium, le pubis, et le sacrum.

Quant au système musculaire, les muscles intercostaux se développent les premiers ; viennent ensuite ceux des gouttières vertébrales, puis les abdominaux, et enfin ceux des membres.

Jusqu'ici le fœtus ne s'est développé qu'au moyen des élémens organiques qui l'environnent. Retenu aux parois de l'ovule par le cordon ombilical, dont on voit déjà les traces, il a puisé sa nourriture dans le liquide séreux abondant que la surface de l'amnios, membrane interne de l'ovule, exhale et qui, en même temps qu'il lui sert de substance alimentaire, est destiné à le préserver des chocs extérieurs pendant la durée de la gestation. Mais maintenant ce liquide ne lui suffit plus, et ses rapports avec sa mère s'établissent ; les flocons vasculaires qui recouvrent la surface externe du chorion (enveloppe extérieure de l'ovule, qui fournit à l'amnios les vais-

III.   13

seaux nécessaires à son exhalation, en même temps qu'elle lui sert de point d'appui), les flocons vasculaires extérieurs du chorion, dis-je, se réunissent pour la plupart, et forment la masse placentaire ; l'accroissement du fœtus devient alors plus rapide ; son sexe se prononce ; ses membres, d'abord très courts et semblables à des bourgeons, se proportionnent davantage, et cette rapidité d'accroissement augmente jusqu'à sa sortie de l'utérus.

Tels sont les phénomènes du développement du fœtus pendant le troisième mois de la vie utérine. Dans le mois suivant, les lobes cérébraux prennent un accroissement remarquable ; ils s'étendent surtout d'avant en arrière, et recouvrent la moitié des tubercules quadrijumeaux, tandis que le cervelet, dont les lames se réunissent en convergeant sur la ligne médiane, s'accroît d'arrière en avant ; et de ce double développement en sens opposé résulte la compression, l'affaissement, et la diminution de ces tubercules, qui par la suite perdent encore beaucoup de leur grosseur. La moelle épinière continue son ascension dans le canal vertébral ; le système osseux prend plus de consistance, et le musculaire acquiert assez d'énergie pour exercer quelques mouvemens.

Au cinquième mois, ces mouvemens ont une intensité et une fréquence plus considérables et qui se trouvent en rapport avec l'état de santé et de vigueur du fœtus. Leur cessation complète ou leur affoiblissement, sont des signes de mort ou de maladie.

A cette époque aussi le système cutané a acquis tout son développement. Les cheveux paroissent. Le cerveau, s'étendant de plus en plus d'avant en arrière, recouvre les trois quarts des tubercules quadrijumeaux ; en même temps, des feuillets hémisphériques, plissés à leur extrémité libre, naissent des parties latérales de ses pédoncules, et viennent s'appliquer sur la face interne de son enveloppe extérieure, qu'ils soulèvent, formant ainsi ce que l'on appelle les circonvolutions. Le cervelet lui-même se creuse de sillons, et le canal de la moelle épinière commence à s'oblitérer, par la conversion du fluide qui y est renfermé en matière solide grise.

Pendant que cette oblitération s'effectue, les nerfs organiques quittent les ganglions intervertébraux où ils s'étoient déjà rendus, traversent les trous de conjugaison et les ouvertures du crâne qui se trouvent en rapport avec leur direction, et vont s'implanter dans l'axe nerveux spino-cérébral.

Au sixième mois, les lobes cérébraux atteignent le cervelet ; ils le recouvrent à moitié au septième, et entièrement au neuvième. Cet organe, à son tour, continue de s'accroître d'arrière en avant, jusqu'à cette dernière époque, où son développement est terminé. En même temps, l'oblitération du canal de la moelle épinière s'achève. La partie inférieure de cet axe nerveux continue de monter dans le canal vertébral jusqu'au huitième mois, où il correspond au corps de la première vertèbre lombaire.

Au septième mois, les ongles sont sensibles. C'est peu après cette époque que la membrane pupillaire se déchire, que les reins, formés d'abord de plusieurs glandules isolées, se réunissent de chaque côté en une seule, et que les testicules, situés sur les côtés de la colonne lombaire, sont entraînés de haut en bas par un cordon cellulaire qui les dirige en se raccourcissant, poussent devant eux la région du péritoine qui doit leur servir d'enveloppe, et franchissent enfin l'anneau inguinal [1].

Tel est le mécanisme général du développement du fœtus. Deux choses y sont dignes de remarque; d'abord l'accroissement des divers organes, qui s'effectue, dans chacun, par deux systèmes d'élémens similaires (*loi de symétrie* [2]), qui se rapprochent les uns des autres, et s'unissent enfin sur une ligne médiane (*loi de conju-*

---

[1] Voyez, pour plus de détails sur le développement du fœtus, *l'Anatomie comparée du cerveau dans les quatre classes d'animaux vertébrés*, par le Dr Serres.

[2] *Ibidem.*

gaison[1]) ; et ensuite la dépendance où se trouve cet accroissement du développement des artères qui doivent apporter aux organes leurs élémens nutritifs.

Cette dépendance sert à expliquer les monstruosités qui sont toutes produites par des irrégularités dans le volume et le nombre des vaisseaux artériels. Ainsi les fœtus anencéphales ne sont tels, que parce qu'ils manquent d'artères encéphaliques ; les acéphales sont privés d'artères carotides primitives ; ceux qui manquent d'extrémités antérieures n'ont point d'artères axillaires, etc. ; au contraire les bicéphales offrent quatre carotides primitives ; les fœtus à deux troncs, deux aortes ; et l'on trouve deux axillaires doubles dans ceux qui offrent quatre membres antérieurs.

Lorsque les deux systèmes similaires d'un organe n'arrivent point, par la suspension du développement de leurs vaisseaux d'accroissement, sur la ligne médiane où ils doivent se réunir, il existe entre eux un vide qui persiste après la naissance; telle est la cause de la difformité connue sous le nom de *bec de lièvre*. Il est à remarquer que c'est toujours sur la ligne médiane du corps que se présentent les monstruosités. Et cela doit être, car la jonction des deux parties des organes symé-

---

[1] *Ibidem.*

triques s'opérant sur cette ligne, il est évident que c'est aussi sur elle que doivent se manifester toutes les irrégularités de cette réunion.

Pendant toute la durée de la gestation le fœtus présente, avec l'enfant qui a vu le jour, des différences remarquables sous le rapport des fonctions organiques.

Sa locomotion, très-limitée, ne se compose que de mouvemens brusques au milieu du liquide qui l'environne, et qui le font heurter plus ou moins vivement les parois de l'utérus. Ces mouvemens instinctifs paroissent être déterminés par des impressions internes. Peut-être aussi sont-ils sollicités par le sentiment du besoin d'exercer le système musculaire, afin que sa contractilité se développe, et que la locomotion soit moins tardive lorsque le fœtus aura vu le jour. Les mères, en effet, s'aperçoivent que les mouvemens du fœtus ont d'autant plus d'intensité, qu'il est plus près de l'époque de sa naissance.

Sa digestion est nulle ; il n'a pas besoin d'alimens. Les veines ombilicales lui apportent le sang qu'elles ont puisé dans l'organe placentaire, qui l'a reçu lui-même des sinus artériels utérins. Quelle seroit d'ailleurs la matière sur laquelle s'exerceroit la fonction digestive ? Les eaux de l'amnios ? Mais 1° la bouche du fœtus demeure exactement fermée pendant presque toute la durée de la gestation ; 2° l'écoulement prématuré des eaux ne l'empêche point de continuer de vivre; 3° les fœtus dont la bouche et les narines sont imperforées, et les acéphales, n'en arrivent pas moins à leur développement complet.

L'absorption cutanée n'a de l'activité que jusqu'au troisième mois de la gestation, époque où le placenta se développe. Elle s'affoiblit ensuite peu à peu, et, dans les derniers mois, elle est nulle, à cause de la matière grasse et épaisse qui recouvre l'épiderme, et qui s'oppose à l'introduction de tout liquide aqueux dans les pores cutanés.

La respiration n'a point lieu dans la vie fœtale. Le foie, dont le volume est très-considérable, paroit être destiné à modifier le fluide sanguin que fournit le placenta, et à l'approprier à tous les besoins organiques. La formation de la bile, que d'ailleurs il ne sécrète que vers le milieu de la grossesse, et dont la quantité n'est nullement proportionnée à celle du fluide si abondant que le système veineux lui apporte, ne semble pas devoir être sa principale fonction. Il reçoit le sang utérin, et celui que la veine porte absorbe par ses radicules dans la cavité abdominale, et le liquide général qui en résulte, après avoir circulé dans son tissu, où sans doute il acquiert des propriétés nouvelles, en sort pour se rendre dans la veine cave inférieure, et de là dans l'oreillette droite du cœur, où il rencontre celui que la veine cave supérieure y amène.

Là, ces fluides forment deux courans qui se croisent, et l'on peut dire que c'est de cette poche musculo-membraneuse que part réellement la distribution du fluide nourricier. Le courant inférieur, c'est-à-dire, celui qui arrive par la veine cave inférieure, et qui est le plus abondant, traverse le trou de Botal, et pénètre dans l'oreillette gauche, qui le transmet au ventricule du même côté, lequel le distribue, par l'aorte, à la tête, et aux parties supérieures, ce qui explique la prédominance de leur développement. Le second courant, celui qui vient par la veine-cave supérieure, arrive dans le ventricule droit, qui le chasse dans l'artère pulmonaire, d'où il se rend, en traversant le canal artériel, dans l'aorte descendante, et de là dans les parties inférieures. Les artères ombilicales ramènent son excédent au placenta. Il est digne de remarque que ce dernier fluide est un résidu de la nutrition des parties supérieures, qui n'a point été soumis à l'influence hépatique; ce qui, joint à sa petite quantité, montre clairement la cause du peu de développement des parties inférieures. Ce résidu est puisé dans le placenta par les veines utérines, qui le transportent dans le système veineux de la mère, d'où il se rend dans les poumons pour y redevenir sang artériel.

La nutrition du fœtus est très-active. Lorsque le sang qui lui fournit ses élémens est pur, et qu'elle s'opère dans tous les organes d'une manière régulière, le fœtus jouit d'une santé parfaite, et chaque partie se développe dans ses justes proportions. Dans les cas contraires il éprouve les maladies dont le fluide qu'il reçoit lui transmet les germes (de là, la variole, la syphilis, etc., que les mères atteintes de ces affections communiquent à l'être qu'elles ont conçu), ou bien quelqu'un de ses organes se montre altéré dans sa forme, dans ses dimensions, dans sa couleur etc.; de là, les vices divers de conformation, de disposition organique, l'absence ou le développement incomplet d'un plus ou moins grand nombre d'organes, dont la formation a été entravée ou suspendue, le développement de parties surnuméraires, les taches de la peau de diverses couleurs, et tous les autres effets si nombreux de l'irrégularité de la fonction nutritive, que l'on a pendant long-temps attribués et que le peuple attribue encore à l'influence de l'imagination.

Les fonctions d'élimination sont presque nulles dans le fœtus; elles se réduisent à la sécrétion biliaire, qui même n'a lieu que vers le cinquième mois de la grossesse, et dont le produit s'amasse dans le tube digestif, où il forme le méconium; et à cette sécrétion sébacée qui s'effectue à la surface de la peau , vers la fin de la gestation, pour favoriser l'expulsion du fœtus hors de la matrice , et amortir le contact trop irritant de l'air extérieur qui doit bientôt agir sur lui.

Enfin la calorification chez le fœtus doit être un peu moins active que dans le nouveau né, à cause du sang entièrement veineux qui sert à la nutrition de sa moitié inférieure.

Mais tandis que le produit de la conception se développe , celle qui le porte dans son sein en éprouve d'évidentes modifications. Si nous considérons son influence sur l'organe qui le renferme , nous verrons ce viscère s'accroître de plus en plus dans toutes ses dimensions ; une sorte d'hypertrophie s'y établit , surtout à l'endroit de l'insertion de la masse placentaire ; ses artères se dilatent pour former les sinus qui doivent s'aboucher avec ceux de ce corps , et c'est cette dilatation qui y rend le cours du sang sensible au stéthoscope [1]. Bientôt il franchit le détroit supérieur du bassin, et, par un accroissement successif, il s'élève jusqu'à l'épigastre.

---

[1] Si, au troisième mois de la gestation, on applique cet instrument sur la région de l'abdomen correspondante à la matrice, on entend, vis à vis l'insertion du placenta, des *pulsations avec souffle*, isochrônes aux battemens du pouls de la mère. Elles se font entendre du côté opposé au tronc du fœtus, le plus souvent à droite. Elles sont simples ; ce qui les dis-

De plus, son tissu change de nature ; il devient fibreux, contractile, évidemment musculaire, tandis qu'auparavant, dur, compacte, sans fibres sensibles, il n'avoit point d'analogue dans l'organisation.

Mais en même temps que l'organe utérin éprouve ces changemens dans sa structure, et dans sa nutrition, il modifie à son tour toutes les fonctions organiques. La faculté transmissive des impressions extérieures s'accroît dans le système nerveux. Il en est de même de la réaction du cerveau sur les organes, dans les affections morales ; et en même temps que la femme se montre plus impressionnable, elle offre aussi une plus vive sensibilité. L'influence de l'utérus s'étend jusqu'à la fonction locomotrice ; à mesure que le poids de ce viscère augmente par son propre développement et par celui du fœtus, il tend de plus en plus à entraîner le tronc en avant ; ce qui fait que, dans les derniers mois de la grossesse, le corps se courbe fortement en arrière, comme nous l'avons dit en traitant de la locomotion.

Mais c'est surtout la fonction digestive qui se trouve singulièrement modifiée par la gestation.

---

tingue des pulsations fœtales qui sont doubles. Elles sont un signe évident de grossesse. Cette découverte appartient à M. de Kergaradec.

Souvent l'appétit devient plus vif, souvent aussi il se déprave; les goûts les plus bizarres se développent, et fréquemment alors les substances qui auparavant étoient vues avec dégoût, et même se montroient nuisibles, deviennent les objets de désirs violens, se digèrent sans peine, et n'altèrent en rien l'organisation. C'est ainsi que nous avons vu une femme, qui ne buvoit que de l'eau dans son état ordinaire, ne boire, à tous ses repas, que du vin et en quantité très-considérable pendant ses grossesses, sans en éprouver le plus léger trouble cérébral. D'autres fois il se manifeste un dégoût insurmontable pour toute nourriture, et il n'est pas rare de voir survenir des vomissemens opiniâtres que tous les alimens provoquent, et que rien ne peut calmer.

L'absorption abdominale, et celle qui s'effectue dans les membres inférieurs, éprouvent une gène plus ou moins considérable par la compression que l'utérus fait éprouver aux gros troncs veineux. Aussi voit-on fréquemment les membres abdominaux s'infiltrer, et leurs veines superficielles se montrer variqueuses.

La respiration est aussi sensiblement modifiée par la gestation. Le diaphragme, refoulé par les viscères abdominaux, ne peut se contracter d'une manière complète, et la dilatation du thorax ne s'effectue presque plus que par l'action des intercostaux.

La distribution du fluide nourricier n'échappe point non plus à son influence ; le pouls devient plus fréquent. Le cours du sang s'accélère pour fournir au fœtus une alimentation suffisante.

Enfin la nutrition éprouve souvent une altération profonde. Le corps alors maigrit considérablement, la face devient pâle, les joues se creusent, les traits s'affaissent, par l'espèce de soutirement du fluide nourricier qu'exerce le fœtus sur le système artériel de sa mère ; et cet état dure, pour l'ordinaire, jusqu'au terme de la gestation.

CHAPITRE QUATRIÈME.

DE LA FIN DE LA VIE UTÉRINE, ET DE L'EXPULSION DU FOETUS.

Dès que le produit de la conception a parcouru toutes les périodes de sa vie utérine, et que l'accroissement qu'il devoit y acquérir est terminé, ce qui a lieu généralement à la fin du neuvième mois solaire [1], la matrice ne se prête plus à son développement. Chose admirable ! cet organe, qui jusqu'alors l'avoit suivi dans tous les degrés de sa croissance, qui s'étoit moulé sur

---

[1] Tous les accouchemens avant ce terme sont des avortemens, et les enfans sont d'autant moins viables qu'ils s'en éloignent davantage. On en a vu naître dans le sixième mois de la gestation, et ne point cesser de vivre ; un plus grand nombre voient le jour à sept mois et ne meurent point ; mais, dans tous, l'état de foiblesse et de souffrance dans lequel ils se trouvent, les soins multipliés qu'exige la conservation de leur vie, attestent qu'ils sont nés prématurément.

Quant aux naissances tardives, les faits d'après lesquels on les suppose ne sont rien moins qu'incontestables.

toutes ses dimensions , suspend tout-à-coup sa fonction nutritive, s'oppose, par un resserrement spasmodique , à celle de l'être qu'il renferme , et qui n'est plus pour lui qu'un corps étranger.

Le fœtus lui-même semble impatient de naître ; ses mouvemens locomoteurs sont plus intenses, plus fréquens , plus précipités ; il irrite , par des chocs répétés, les parois de la matrice, comme s'il vouloit par là provoquer l'action contractile qui doit déterminer son expulsion.

Dès lors les fibres musculaires de cet organe , qui déjà est descendu au-delà du détroit supérieur du bassin, se contractent, sous l'influence de la région inférieure de la moelle épinière , mais d'une manière lente , par de foibles secousses, et à des intervalles irréguliers et plus ou moins éloignés , afin que la dilatation de son col, qui déjà s'est considérablement aminci et dont les eaux de l'amnios écartent alors les parois, s'effectue d'une manière graduelle , et prévienne ainsi de funestes déchiremens. Ces contractions prennent ensuite plus d'intensité et de fréquence ; celles des parois abdominales s'y joignent par un mouvement synergique ; les fibres de la matrice souffrent par la résistance qu'elles éprouvent, les entrailles semblent se déchirer ; les intervalles qui séparent ces douleurs deviennent de moins en moins considérables , jusqu'à ce que, dans un dernier effort, le produit de la conception soit expulsé.

Cependant les contractions utérines ne suffiroient point pour amener le fœtus à la lumière. Il faut que celui-ci suive une route fixe, de laquelle il ne peut s'écarter ; et cette route est tortueuse, pleine de déviations déterminées par les diamètres différens des diverses régions du bassin de sa mère ; et le moindre écart dans la direction qu'il doit suivre rendroit vains tous les efforts de l'utérus ! Quelle est donc la main qui le conduit si sûrement dans cette voie périlleuse ? Comment évite-t-il les obstacles si nombreux qui peuvent l'arrêter ? Qui ne reconnoîtroit ici l'influence constante d'une cause providentielle dans cet étonnant phénomène ? Oui, la naissance du fœtus n'est pas moins merveilleuse que la conception.

---

[1] L'athée nous dira « Que votre erreur est grande, et votre admiration déplacée ! Elles tiennent sans doute à l'ignorance où vous êtes et du mode de développement du fœtus, et de la structure du bassin de sa mère. Rien n'est moins mystérieux que le mécanisme de l'accouchement, et je vais vous en donner une explication claire et précise.

« Le fœtus, par la pesanteur spécifique différente de ses diverses parties, présente sa tête au détroit supérieur du bassin, et la matrice, qui est un peu applatie d'avant en arrière, en maintient dans une direction transversale le diamètre antéro-postérieur, que dirige aussi dans ce sens la forme de l'ouverture de la cavité pelvienne. Quant à sa marche vers le

Sa tête, qui est la partie la plus pesante de son corps, et qui par conséquent lui donne une position renversée dans la matrice pendant toute la durée de la gestation, se présente ordinairement

petit bassin, elle est déterminée par un plan incliné antérieur et latéral gauche, qui dirige l'occiput dans l'arcade du pubis, et par un plan incliné postérieur et latéral droit, qui porte la face dans la courbure du sacrum. Ces mêmes plans règlent ensuite la marche des épaules, du tronc, et des extrémités inférieures. »

Nous répondrons à notre tour : votre science est sans doute très-profonde, et aucun secret de la nature ne semble vous avoir échappé. Dites-nous cependant; savez-vous qu'elle est la puissance qui donne à la tête du fœtus sa prépondérance en poids sur toutes les autres parties; afin qu'elle se présente la première au détroit supérieur du bassin? Connoissez-vous la main qui a incliné les surfaces internes du bassin de sa mère, de manière que cette tête arrive dans le petit bassin; et y offre son diamètre antéro-postérieur en rapport avec le plus grand diamètre de cette cavité? Savez-vous qui a déterminé d'une manière si précise les dimensions réciproques du bassin de la mère et du fœtus, afin que l'un puisse livrer facilement passage à l'autre? Enfin pourrez-vous nous dire comment la matrice, organe inerte et inintelligent comme matière, peut se contracter à point nommé, et imprimer un mouvement d'expulsion à l'être qu'elle renferme, qu'elle ne peut connoître, et qu'elle a nourri sans le savoir?

Tous ces phénomènes, nous direz-vous, sans doute, ne sont que l'effet des lois de la nature...... Les lois de la nature...! Mais toute loi suppose un législateur, et ici ce doit être un législateur qui a toute puissance. Or, ce sont les œuvres de cet Être souverain, que nous ne pouvons pas

III.   14

la première au détroit supérieur du bassin; il faut donc, pour qu'elle puisse franchir ce passage, qu'elle se trouve en rapport, par ses diamètres, avec ce canal osseux; et c'est ce qui a lieu en effet. Son diamètre antéro-postérieur, qui est le plus grand, se confond avec le sacro-iliaco-cotyloïdien du bassin, qui a aussi le plus d'étendue; de telle sorte que l'occiput correspond à une cavité cotyloïde (le plus souvent la gauche), et le front à la symphyse sacro-iliaque opposée. Une fois le détroit supérieur franchi, la route change de direction, car alors le plus grand diamètre du bassin étant celui d'avant en arrière, la tête, engagée comme elle l'est, ne pourroit avancer. Il faut donc que son grand diamètre se dévie; et cette déviation s'effectue par une ligne courbe, suivant une direction oblique, dans laquelle l'occiput se dirige de gauche à droite, de haut en bas, et de dehors en dedans, et vient s'enfoncer dans l'arcade pubienne, tandis que le synciput s'appuie contre le sacrum, qui offre dans cette région une courbure remarquable, destinée à donner plus d'étendue au diamètre antéro-postérieur du petit bassin.

---

comprendre, que nous appelons mystérieuses, et que nous admirons, en nous écriant avec le roi Prophète : « Que votre » science est admirable, ô Jehova ! Elle est si élevée que nous » ne saurions y atteindre » (*Ps.* 138.).

Alors les contractions utérines redoublent, ses efforts se précipitent ; la poche que forme l'amnios, distendue par les eaux qu'elle renferme, et qui fait saillie hors de la matrice, se déchire ; ces eaux s'en écoulent, la région occipitale du crâne les suit de près. En même temps, les épaules, engagées dans le détroit supérieur du bassin, en franchissent le grand diamètre ; puis, à mesure que la tête traverse le vagin, elles se détournent, comme cette dernière, en décrivant un arc de cercle, la gauche de gauche à droite, et la droite de droite à gauche, pour franchir la cavité du petit bassin, dont le plus grand diamètre est d'avant en arrière. A mesure que ce passage s'effectue, le reste du corps, qui est comme fusiforme, à cause des petites dimensions du bassin et des membres abdominaux, parcourt aisément toutes ces voies élargies, et l'accouchement est terminé [1].

Il est facilité, de la part du fœtus, par la flexibilité et la mobilité des pièces du crâne, qui cèdent à la réaction des os du bassin, et anticipent les unes sur les autres, et par l'enduit onctueux

---

[1] Voyez, pour les autres modes d'accouchemens naturels, les divers traités de l'art obstétrique. Celui que nous venons d'exposer est le plus ordinaire ; il s'est présenté à l'hospice de la Maternité de Paris, douze mille cent vingt fois sur douze mille six cents trente-trois accouchemens.

qui recouvre le corps et qui en rend le glissement plus rapide ; et, de la part de la mère, par la mollesse et l'extensibilité qu'ont acquises les cartilages et les ligamens des symphyses pelviennes, ce qui permet à la cavité du bassin de se dilater et d'obéir aux efforts du fœtus, et par l'état du vagin (dont les replis se dédoublent et en augmentent l'étendue), qui est devenu plus souple et plus extensible par les sucs qui abreuvent son tissu, et dont la surface est continuellement lubrifiée par des mucosités abondantes.

Mais, après l'expulsion du fœtus, la matrice a encore une autre fonction à remplir. Elle doit se débarrasser des membranes qui l'enveloppoient, et du placenta qui lui fournissoit sa nourriture. Aussi ses contractions continuent-elles jusqu'à ce que cet organe, maintenant inutile, se détache de ses parois [1]. Alors les bouches des artères utérines se resserrent ; peu à peu le tissu de la matrice qui revient sur lui-même, repren, par l'écoulement séro-sanguin qui persiste pendant plusieurs jours après l'accouchement, son volume ordinaire et sa texture primitive, et tout rentre enfin dans l'état accoutumé.

---

[1] Il est à remarquer que, dans ce décollement, il n'y a point de déchirement de vaisseaux, car les artères utérines et les veines du placenta ne sont qu'abouchées ; et l'on sent combien ce mode de communication étoit important pour éviter des hémorrhagies funestes.

Tel est l'admirable mécanisme qui conduit le foetus à la lumière. Jetons un coup d'œil rapide sur les changemens qui surviennent dans son organisme après qu'il a vu le jour.

CHAPITRE CINQUIÈME.

DU DÉVELOPPEMENT DE LA VIE EXTRA-UTÉRINE DU FŒTUS, ET DES MODIFICATIONS QUE SON ORGANISATION ÉPROUVE.

En sortant de l'utérus, l'enfant se trouve tout à coup plongé dans une nouvelle atmosphère. Dans le sein de sa mère, une sérosité onctueuse qui le baignoit de toute part, le pénétroit d'une douce chaleur; au moment où il voit le jour, l'air extérieur, d'une température beaucoup moins élevée, d'une nature irritante, agit sur tous les points de son système cutané, en enlève du calorique, y développe une sorte de sur-excitation érysipélateuse, et la première sensation que l'enfant éprouve, en entrant dans la vie, est une cuisante douleur.

Cette impression douloureuse étoit essentielle au développement de sa vie extra-utérine; elle détermine la première inspiration, et par suite tous les phénomènes de la fonction pulmonaire, sans lesquels il cesseroit bientôt d'exister, comme on le voit lorsque des mucosités abondantes obstruent ses voies aériennes, et qu'il naît asphyxié.

A peine, en effet, l'enfant a-t-il éprouvé le contact de l'air atmosphérique, qu'il exerce une inspiration profonde pour affoiblir, par ses cris, la vive douleur qu'il ressent [1]. Dès lors ce même fluide pénètre dans les vésicules pulmonaires, les développe peu à peu, excite les capillaires sanguins qui rampent à leur surface, y développe une vie nouvelle et la propriété de recevoir et de mettre en mouvement le sang qui doit les traverser. Alors le sang du ventricule droit, qui ne pouvoit auparavant s'y ouvrir un passage, y pénètre avec facilité. Par ce changement survenu dans la circulation, le fluide nourricier que renferme la veine cave inférieure, et qui de l'oreillette droite se jetoit dans le trou de Botal, ne trouvant plus d'obstacle dans le ventricule droit, qui se vide pleinement dans l'artère pulmonaire, se rend entièrement dans ce ventricule, et la communication qui existoit entre les deux oreillettes se ferme pour toujours. En même temps le canal artériel s'oblitère, et bientôt tout le sang

---

[1] Ces cris sont des mouvemens instinctifs. On sait combien ils soulagent dans la douleur ; il s'effectue alors une sorte de transport sur l'appareil vocal du principe nerveux concentré dans l'organe qui la cause.

qui est le résidu de la fonction nutritive, va subir dans les organes pulmonaires l'influence de
la respiration, fonction qui, une fois établie,
ne s'arrête qu'à la mort, à cause de la sensation
interne que sa suspension détermine, et qui
force irrésistiblement à l'exercer.

A ce changement remarquable, survenu dans
le cours du sang, il s'en joint un autre non moins
important dans la distribution de ce fluide. Les
extrémités inférieures, qui ne devoient point se
développer dans l'utérus, afin que la tête acquît,
par une prédominance de nutrition, la pesanteur
nécessaire pour qu'elle en occupât la partie inférieure, situation la plus favorable à l'accouchement, ces extrémités, dis-je, reçoivent alors
une plus grande quantité de sang par l'oblitération des artères ombilicales. Cette oblitération
s'effectue du premier au troisième jour, par la
rétraction de ses parois, ou, selon M. Billard
(*Nouv. Bibl. méd.*, décembre 1826, p. 410),
par la constriction qu'exerce sur elle la lymphe
qui s'y dessèche [1], et la distribution de la sub-

---

[1] On ne trouve cet état de la lymphe que chez les enfans
qui sont nés vivans. Il peut servir à l'éclaircissement de plusieurs questions de médecine légale. La chute du cordon ombilical, provoquée par le tiraillement qui s'opère en dedans
et en dehors de l'abdomen sur le point rétréci, desséché et
fragile, a lieu du quatrième au cinquième jour, et sa cicatri-
sation du dixième au douzième.

stance nutritive prend ainsi de la régularité.

La vie extra-utérine est alors pleinement établie. Mais il faut qu'elle s'entretienne, et l'enfant manque d'aliment ; les liens qui l'attachoient à sa mère et qui lui transmettoient le fluide destiné à le nourrir, n'existent plus, il vit isolé ; et d'un autre côté, il n'a ni l'expérience, ni les forces nécessaires, non-seulement pour se soustraire à tous les dangers qui l'environnent, mais encore pour se procurer l'aliment qui lui convient. Il mourroit donc si l'éternelle Providence ne veilloit sur sa vie. L'amour maternel, avec toutes ses tendres sollicitudes et toutes ses rapides prévoyances, naît alors dans le cœur de celle qui l'a conçu, en même temps que ses mamelles lui préparent une nourriture abondante. Cette sécrétion si importante pour l'enfant, commence même pendant la grossesse ; on le voit à l'accroissement des glandes mammaires, qui se tuméfient après la conception, et qui, par la suite, laissent échapper une sérosité blanchâtre se rapprochant beaucoup de la nature du lait.

Toutefois, à l'époque de l'accouchement, ce fluide n'a point encore acquis toutes ses propriétés nutritives. L'estomac de l'enfant, trop foible encore, ne pourroit convenablement l'élaborer. De plus, un amas de matières noirâtres (le méconium), résidu de la sécrétion biliaire qui s'est effectuée pendant la durée de la gestation , engorge ses intestins et doit être évacué ; et cette évacuation est favorisée par la propriété laxative du premier lait. L'enfant, qu'une impulsion instinctive détermine, car on le voit exercer des mouvemens de succion bien qu'il ait les yeux fermés , et qu'il ne soit point à portée de saisir la mamelle, puise son aliment dans cet organe, par un mécanisme que l'on ne sauroit trop admirer. Il entoure d'abord de ses lèvres la base du mamelon, de manière que l'air extérieur ne puisse pénétrer entre elles et ce corps érectile , qu'il saisit ensuite avec la langue disposée en forme de gouttière pour recueillir le lait qui doit s'en échapper. Après quoi il opère le vide dans sa cavité buccale, et alors le poids de l'air extérieur n'agissant plus sur les orifices des vaisseaux lactifères qui s'ouvrent à la surface du mamelon , le fluide que ces vaisseaux contiennent s'en échappe avec abondance, coule dans l'espèce de canal que forme la langue et où le maintiennent les contractions des buccinateurs , et arrive dans l'arrière-bouche , d'où il est introduit dans l'estomac , par le mécanisme que nous avons exposé en traitant de la fonction digestive.

Mais ce n'est point seulement le vide que l'enfant détermine, qui donne lieu à l'excrétion du lait. Cette cause seroit insuffisante, et il ne pourroit pleinement satisfaire ses besoins. Deux autres influences bien plus puissantes y concourent. La première c'est l'irritation que produit dans les parois des tubes lactifères le contact de la langue et des lèvres, d'où naissent une intensité et une rapidité plus considérables dans leur mouvement d'excrétion. La seconde consiste dans l'impression qu'exerce le nouveau-né sur les sens du tact et de la vue de sa mère, et qui produit dans son système nerveux une sorte d'ébranlement, d'où naît une irradiation du principe de la vie sur les mamelles, qui sécrètent alors une plus grande quantité de lait[1].

Les faits rendent manifeste l'action de toutes ces causes. Un moment après que l'enfant a saisi le mamelon, le lait afflue dans sa bouche avec tant d'abondance que souvent la déglutition ne peut s'en effectuer d'une manière régulière, et qu'il pénètre dans les voies aériennes et cause la toux. Il faut conclure de là qu'à l'influence du vide se joint celle de la langue et des lèvres qui, en sur-excitant les conduits lactifères par le frottement qu'elles exercent sur leurs orifices, accélère leur mouvement d'excrétion. Si l'enfant abandonne alors le sein, le lait continue

---

[1] On a vu, par l'effet de ces irritations, les glandes mammaires sécréter, chez des jeunes vierges, assez de lait pour fournir à un complet allaitement.

de s'en échapper, bien que le vide n'existe plus, ce qui démontre que son afflux tient à une autre cause; qui ne peut être évidemment que la persistance de leur état d'excitation. Enfin l'impression des mains de l'enfant pressant les mamelles de sa mère, rend l'afflux du lait plus abondant, et il n'est pas rare, lorsque celle-ci s'approche de son nourrisson, de voir ce liquide jaillir avec force des tubes lactifères.

La sécrétion du lait est soumise, comme toutes les autres fonctions organiques, à l'influence de plusieurs causes qui peuvent l'altérer, la ralentir, ou l'activer d'une manière plus ou moins sensible. Les agitations vives de l'âme la troublent, et peuvent même donner des propriétés vénéneuses à son produit. La locomotion, lorsqu'elle est modérée, l'excite; elle l'affoiblit; au contraire, si elle est trop violente ou trop prolongée, par le soutirement des forces vitales qui est l'effet des mouvemens musculaires, trop long-temps soutenus ou trop intenses et de l'exhalation trop abondante du système cutané. Le sommeil la favorise, en laissant s'opérer sans dérivation l'afflux vital qui s'effectue sur les mamelles. La digestion et les autres fonctions qui s'y trouvent liées, c'est-à-dire, l'absorption, la respiration, et la circulation l'accélèrent ou la ralentissent, selon qu'elles sont elles-mêmes plus ou moins actives, et que le fluide qui est le produit de la première est plus ou moins riche en élémens nutritifs[1].

C'est donc au moyen du lait que l'enfant croît et se développe. Il est digne de remarque que cet aliment salutaire prend de la consistance et devient plus substantiel à mesure que les organes digestifs du nouveau-né se fortifient, et qu'apparaissent ses instrumens de mastication.

C'est au quatrième mois de la naissance que ces instrumens, déjà formés dans l'épaisseur des os maxillaires, se montrent au dehors, et, par un rapport remarquable, c'est environ à la même époque de la gestation que l'on en aperçoit les germes. Le fœtus, en effet, offre alors, dans les alvéoles dont ses mâchoires sont creusées, de petits follicules membraneux, séparés les uns des autres par une cloison mince, enveloppés d'une membrane de l'ordre des séreuses, et renfermant une pulpe située à l'extrémité des vaisseaux et des nerfs qui viennent s'y ramifier. C'est dans cette pulpe, où doit se former la couronne de la dent, que l'ossification commence par une

---

[1] Le lait a quelque analogie avec le sang par les élémens qui le composent. Il contient de la sérosité (le petit lait), la matière caséeuse, qui représente la fibrine, une matière butyreuse ou grasse, qui correspond à la gélatine; de l'hydrochlorate de soude, de potasse, et du phosphate de chaux. Le sérum contient en outre, l'acide lactique, et un corps sucré appelé sucre de lait.

sorte d'exhalation. Elle s'étend ensuite, pour en former la racine, le long du pédicule vasculaire et nerveux qu'elle enveloppe, en lui conservant l'entrée qu'il doit avoir pour fournir à la dent l'aliment et la vie. Cette ossification est assez avancée à l'époque de la naissance ; la couronne est complètement développée, la racine forme un commencement de tuyau à parois minces, qui prend alors un nouvel accroissement. Alors aussi, par l'augmentation des dimensions de la dent, les parois alvéolaires, qui ne la peuvent plus contenir, s'écartent latéralement, et s'ouvrent du côté de la couronne ; ses bords se forment, la dent les traverse, distend les gencives et la muqueuse qui les tapisse, finit par les déchirer, et se montre au-dehors.

Cette éruption des dents n'a pas lieu pour toutes à la même époque. Les deux incisives moyennes de la mâchoire inférieure paroissent ordinairement les premières ; elles sont suivies, quinze ou vingt jours après, par les dents correspondantes de la supérieure. Les deux incisives latérales de la première paroissent ensuite, puis celles de la seconde ; après se montrent, dans le même ordre, les dents canines ou laniaires, et l'on voit enfin sortir successivement, d'abord en bas, puis en haut, les quatre premières molaires de chaque mâchoire ; ce qui complète le nombre des vingt premières dents nommées *dents primitives*, *dents de lait* ou *passagères*, parce qu'elles doivent tomber, et être remplacées par d'autres qui se développeront par la suite au-dessous d'elles. C'est ordinairement à deux ans ou à trente mois que se termine cette première dentition, à laquelle s'ajoutent, de la quatrième à la sixième année, deux molaires à chaque mâchoire, qui ne doivent point tomber. Toutefois, il est des individus où elle se montre et plus précoce et plus rapide; et même il n'est pas rare de voir des enfans naître avec un certain nombre de dents. Dans d'autres, au contraire, la dentition est plus ou moins tardive; quelquefois même, ce qui est néanmoins très-rare, elle ne s'effectue jamais. Nous avons vu en 1808, dans l'hospice qui est confié à nos soins, un israélite, âgé de quarante-cinq ans, qui n'avoit jamais eu de dents; la membrane qui tapissoit les bords alvéolaires étoit d'un blanc-jaunâtre, et avoit la consistance des os.

Enfin, aux environs de la septième année, les mâchoires prennent un développement plus considérable; les alvéoles qui contiennent les dents acquièrent plus d'étendue, et celles-ci, devenues vacillantes, ne peuvent plus servir à la mastication. Alors de nouveaux follicules qui se trouvent placés, dès avant la naissance, au-dessous des follicules primitifs, et qui n'en sont séparés que par une petite cloison, acquièrent du développement, et un nouveau travail osseux commence. Ces dents secondaires, dans leurs efforts d'accroissement, poussent les dents primitives hors de leurs alvéoles, en usent les racines, finissent par en déterminer la chute, et les remplacent suivant leur ordre d'apparition. Aux environs de la dixième année, époque où la seconde dentition est terminée, quatre nouvelles molaires viennent s'y ajouter; enfin, à vingt-cinq ou trente ans, naissent les quatre dernières molaires, qui portent le nom de *dents de sagesse.*

En même temps que l'appareil dentaire se développe, et que le tube digestif, qui se fortifie, devient capable d'élaborer des alimens plus substantiels, ils s'opère dans cet organe un changement remarquable. À l'époque de la naissance, où un fluide peu nutritif doit le parcourir, et où, par conséquent, il est essentiel que la surface absorbante soit très-étendue, sa longueur totale est à celle du corps :: 7 : 1; mais, à mesure que les forces digestives s'accroissent, qu'une nourriture de plus en plus substantielle est ingérée, les dimensions du tube digestif diminuent graduellement jusqu'à l'âge adulte, où il n'est plus, à la longueur du corps, que :: 6 : 1.

Ajoutons à toutes ces modifications organiques celle des systèmes osseux et musculaire, dont l'un acquiert de plus en plus de la consistance par l'exhalation toujours croissante du phosphate calcaire dans son tissu, et dont l'autre prend chaque jour une nouvelle énergie par la fibrine qu'il s'approprie; de telle sorte qu'à dix-huit mois, l'enfant se trouve capable de se tenir debout, et de se déplacer.

Tels sont les changemens que l'organisation éprouve après la naissance. Elle exerce ensuite, au moyen des nouveaux développemens qu'elle acquiert, toutes les fonctions que nous avons exposées, et l'homme parcourt ainsi tous les âges de la vie, jusqu'à ce que ses organes, épuisés par leur exercice même, se détériorent, et que leurs actions, de plus en plus languissantes, se suspendent enfin pour toujours.

FIN.

DE LA MORT DES ORGANES, ET DE L'IMMORTALITÉ DE L'HOMME.

———

Tout s'altère, tout périt, tout se renouvelle dans la nature, tout change continuellement de face autour de nous. L'univers est un immense laboratoire, où les corps, composés et décomposés sans cesse, prennent à chaque instant une nature et des formes nouvelles. Les minéraux se combinent continuellement entre eux. Absorbés par les racines et les feuilles des plantes, ils se convertissent, sous l'empire de la vie, en êtres organisés, dont les élémens, après un temps plus ou moins long, se dissocient, se dispersent, et retournent à leur première origine. Les végétaux, à leur tour, modifiés par la fonction digestive, la respiration, et la nutrition des êtres vivans locomobiles, se transforment en leurs organes, qui, à une époque déterminée, s'altèrent progressivement, finissent par cesser de vivre, et se disséminent dans le sein de la matière morte, cet éternel réservoir de tous les élémens.

L'homme est assujetti à cette loi générale des êtres. Son organisation éprouve les effets de mille influences funestes, et se détériore par ses propres fonctions. Les forces vitales qui l'animent s'affoiblissent, puis s'éteignent, et ses élémens, dont s'emparent alors les puissances chimiques, vont s'unir à d'autres êtres, et former de nouvelles combinaisons [1].

----

[1] Si les êtres organisés étoient destinés à ne point mourir, ils ne pourroient ni se multiplier, ni même entretenir leur existence, puisqu'ils doivent se servir mutuellement d'élémens nutritifs; d'où l'on voit que la mort est une condition essentielle de la vie. Mais de plus, pour ce qui concerne l'espèce humaine, si l'organisation de l'homme ne mouroit point, si toutes les conditions d'une vie éternelle existoient au-dedans de ses organes, il ne pourroit jamais atteindre ce qui est l'objet de tous ses désirs, l'unique affaire de sa vie, je veux dire le *bonheur*. Le bonheur, en effet, ne peut être qu'un état fixe, de jouissance pleine et entière que rien ne puisse ni interrompre, ni altérer, ni troubler. Or, si l'on observe l'homme en lui-même et dans ses rapports avec ce qui l'entoure, on voit aisément que tout change autour de lui et en lui, en un mot, qu'il n'est rien de stable, que tout est périssable, que tout passe sur la terre qu'il habite. Si donc l'homme étoit immortel, il est évident qu'il ne sortiroit jamais d'un cercle de désirs sans cesse renaissans, et que, par conséquent, le bonheur lui échapperoit sans cesse. Il est donc évident qu'il ne peut être véritablement heureux que là où il n'y a plus de *temps*, ni aucune des variations qu'il entraîne, c'est-à-dire, dans

Les causes destructives de l'organisme humain sont innombrables. Ce sont elles qui déterminent la mort prématurée, qui est notre fin la plus ordinaire. Elles naissent presque toutes de la violation des lois hygiéniques, dans l'exercice de nos fonctions. L'excès dans les actes matériels nécessaires à la production de la pensée, prédispose aux affections cérébrales, que souvent il détermine subitement. Les passions violentes, les emportemens de la colère, les angoisses de la jalousie, les tourmens de l'ambition, les chagrins cuisans, et jusqu'à la joie excessive, produisent des lésions organiques aiguës ou chroniques du cœur, de l'organe hépatique, ou des viscères digestifs. Une locomotion immodérée, des travaux trop rudes et trop soutenus, épuisent les forces et abrègent la durée de la vie. L'intempérance trouble tout l'organisme, et en hâte la destruction. Enfin l'abus du coït l'énerve, et en entraîne rapidement la ruine.

A toutes ces causes de mort, qui naissent de nos penchans, que nous ne savons pas toujours maîtriser, se joignent des influences extérieures non moins funestes, et le plus souvent inévitables. Une infinité d'agens destructeurs semblent, en

---

l'éternité. D'où l'on voit que la mort est pour lui une condition essentielle de cette mystérieuse félicité pour laquelle il ne cesse de soupirer.

effet, conspirer contre notre existence; tels sont les climats, les saisons, l'air impur des contrées marécageuses, celui que nous respirons dans nos villes, qui à la longue produit des désordres organiques irremédiables et dont le premier mobile demeure ignoré, les intempéries des saisons, les maladies, soit sporadiques, soit épidémiques, les contagions si nombreuses, les accidens fâcheux de toutes sortes, les professions diverses que la vie sociale nécessite, et qui entraînent chacune des dangers plus ou moins graves, les alimens et les boissons altérés par la fraude malgré la vigilance de l'autorité, etc., etc.

Mais toutes ces dangereuses influences n'agissent pas avec la même activité dans les différens âges, les sexes, les divers individus; tous les climats ne sont pas également funestes, les saisons également mortifères; l'air n'a pas, dans tous les lieux, le même degré d'impureté; les maladies ne sont pas partout également graves; les professions elles-mêmes n'offrent pas toutes le même danger; et de là proviennent toutes les variétés de mortalité que l'on observe dans l'espèce.

C'est dans la première enfance que la mort prend le plus de victimes; dans l'âge d'un à trois ans, elle moissonne à peu près les deux tiers des individus. L'organisation si excitable, et en même temps si frêle à cette période de la vie, ne résiste point aux vives impressions qu'elle éprouve, et dont la prédominance vitale de deux systèmes, le cérébral et le digestif, augmente encore les funestes effets [1].

------

[1] On a prétendu trouver deux causes puissantes de mortalité dans le premier âge, pendant la saison rigoureuse, dans la présentation des enfans aux églises ou aux temples, dès les premiers jours de leur naissance, et dans les ablutions sur la tête auxquelles on les soumet. Mais ces idées, puisées dans des spéculations théoriques, inspirées sans aucun doute par une grande philanthropie, se trouvent pleinement démenties par les faits.

D'abord nous pouvons affirmer qu'une pratique de vingt-cinq ans ne nous a offert aucun cas de mort, ni même de maladie, dépendant de l'une ou de l'autre de ces deux causes.

En second lieu, lorsque la saison est trop rigoureuse, l'Eglise a grand soin de prendre toutes les précautions convenables pour préserver les nouveaux-nés de l'influence d'un froid trop vif.

En troisième lieu, lorsque les enfans sont portés aux églises ou aux temples, ils sont très-chaudement vétus, et l'on peut s'en rapporter, à cet égard, à la vigilance des mères, qui en savent pour le moins autant, sur ce point, que les plus habiles physiciens, et les plus savans physiologistes.

En quatrième lieu, si dans le premier âge il meurt, comme on l'a prétendu, plus d'enfans en hiver qu'en été (ce qui n'est pas démontré, ce qui même n'est point vrai dans le pays que nous habitons), ce n'est ni à leur présentation aux églises ou aux temples, ni aux ablutions, qu'il faut l'attribuer, car si cette mortalité dépendoit de ces causes, 1° la mort surviendroit peu après leur action, et il est digne de remarque, qu'elle a rarement lieu dans le premier mois de la naissance ;

Dans les âges suivans, à mesure que l'excitabilité devient moins vive, que l'équilibre des forces vitales s'établit, la mortalité diminue dans les mêmes proportions, et ne se trouve que dans le rapport de 1 à 6. L'âge de neuf à dix ans est celui où elle est le moins considérable.

Dans la jeunesse elle est moins considérable encore, et seulement :: 1 : 9. Elle s'accroît dans la virilité, où une foule de causes destructives, soit morales, soit physiques, viennent agir sur l'organisme ; et si elle paroît diminuer dans la vieillesse, c'est que cette période de la

---

2° la mortalité seroit égale pour toutes les classes d'individus; elle devroit même être plus grande chez les enfans des riches, qui, plus chaudement tenus, éprouveroient plus vivement l'influence d'un changement de température; et cependant c'est dans la classe indigente que la mort moissonne le plus d'enfans.

Les véritables causes de la mortalité dans le premier âge pendant la saison de l'hiver, sont 1° les intempéries de la saison; 2° la froideur et l'humidité des habitations; 3° le peu de soin que l'on prend des nouveaux-nés dans la classe pauvre; 4° l'insalubrité de l'air, la malpropreté, la misère à laquelle ils sont en proie, les maladies contagieuses que leurs parens leur ont transmises ou les différens virus dont ils reçoivent l'impression; 5° enfin, les naissances plus nombreuses en hiver qu'en été, comme le démontrent les registres de l'Etat civil; ce qui entraîne nécessairement une mortalité relative plus grande dans la première de ces deux saisons que dans toute autre.

vie est celle qui renferme le moins d'individus [1].

La mortalité est plus grande chez l'homme que chez la femme , et à peu près dans le même rapport que le nombre des individus mâles comparé à celui des individus du sexe féminin. L'homme chargé de l'entretien de la famille , de travaux plus ou moins pénibles et périlleux , en subit toutes les chances , et la mort l'atteint plus aisément que la femme , que sa vie sédentaire dérobe à mille dangers.

Mais, dans les divers âges, comme dans les sexes, il est des individus qui, par la perfection de leur organisme, par la juste proportion de ses élémens, l'équilibre des forces vitales qui l'animent, le mode régulier et fixe de ses fonctions n'y éprouvent que de rares et légers désordres, et se montrent, pour ainsi parler, rebelles à la mort. Ces êtres privilégiés poussent très-loin leur carrière, et meurent ordinairement de caducité, lors surtout qu'ils sont observateurs exacts des lois hygiéniques.

La mortalité varie encore dans les divers individus, selon l'état d'aisance où ils vivent , la nature de leurs alimens, l'air plus ou moins pur qu'ils respirent, les lieux plus ou moins salubres

---

[1] D'après les recensemens les plus exacts, un million d'individus ne donne que deux cent sept centenaires, seize âgés de cent cinq ans, et zéro de cent dix ans.

qu'ils habitent. La misère, la malpropreté, une nourriture insuffisante ou malsaine, un air impur, une habitation humide, obscure, insalubre, altèrent profondément l'organisation : aussi meurt-il proportionnellement beaucoup plus d'individus dans les classes inférieures du corps social que dans les supérieures.

Les professions offrent des différences très-remarquables sous le rapport de leurs influences sur la durée de la vie. Les unes l'abrègent par l'altération qu'elles déterminent dans le système nerveux; telles sont celles des vidangeurs, des ouvriers employés aux travaux des mines, aux préparations cuivreuses, saturnines et mercurielles, à celles des divers produits gazeux délétères, etc.; elles sont les plus funestes. Les autres amènent une mort prématurée en excitant trop vivement certaines fonctions, et en épuisant ainsi toutes les forces de l'organisme; telle est celle des verriers, qui détermine continuellement une transpiration cutanée excessive; telles sont aussi celles qui nécessitent des efforts musculaires violens et soutenus. Enfin il en est qui hâtent l'arrivée de la mort par les intempéries de l'air qu'elles font endurer, et tous les dangers auxquels elles exposent.

Les climats chauds abrègent la durée de la vie en accélérant les mouvemens fonctionnels, et en usant ainsi rapidement tous les ressorts de l'organisme ; les climats froids, au contraire, la prolongent en les ralentissant.

Enfin la mortalité est plus considérable dans les saisons froides, l'automne et l'hiver, que dans le printemps et l'été, par les variations atmosphériques qui y surviennent, et leur influence morbifique sur l'organisation.

La mort, produite par toutes les influences que nous venons d'énumérer, n'a sa cause directe ou intime que dans la cessation des fonctions de l'un de ces trois appareils, savoir : l'encéphalique, le respiratoire et celui de circulation, appelés à juste titre le *trépied de la vie*.

Lorsque l'action de l'encéphale est abolie, le mécanisme de la mort varie selon les régions de cet appareil nerveux, qui n'exercent plus leurs fonctions.

Si la protubérance annulaire est gravement et profondément lésée, la motilité générale est abolie, toute transmission des impressions tant externes qu'internes est suspendue ; la respiration s'arrête par la paralysie des muscles qui y concourent, ainsi que par le défaut de transmission du besoin de respirer, et le cœur, auquel le sang n'arrive plus, cesse de battre. Cet organe interrompt sur le champ ses mouvemens, si le siége de la lésion est le corps olivaire du segment basilaire, et la mort a lieu directement par l'interruption de la circulation. C'est, au contraire, la

respiration qui cesse la première, par la paralysie des poumons, et qui enraie tous les mouvemens vitaux, lorsque l'affection réside dans
la moelle allongée et dans la région d'où naissent les pneumo-gastriques. Les prolongemens
rachidiens cervical et dorso-costal produisent,
lorsqu'ils sont profondément lésés, le même
phénomène, par la suspension de l'action du
diaphragme et des muscles intercostaux.

La mort qui survient par l'affection des ra-
diations des couches optiques, et des corps striés,
et par celle des tubercules quadrijumeaux, des
hémisphères du cervelet, et des cordons antérieurs de la moelle épinière, n'est que consécu-
tive à l'abolition de la fonction locomotrice, et
par conséquent, n'arrive pas avec autant de
promptitude que dans les cas précédens. Elle devient alors un phénomène complexe ; elle dépend d'une foule d'altérations organiques qu'entraîne la suspension de la locomotion, telles que
le trouble et l'affoiblissement de la fonction digestive, l'altération des sécrétions et des exhalations diverses, et surtout ces larges ulcérations
gangreneuses qui se développent sur les régions
du système cutané qui éprouvent l'action du poids
du corps.

Lorsque la suspension de la respiration est la
cause directe de l'extinction de la vie, comme
dans la strangulation, dans les asphyxies pro-

duites par des gaz non respirables, dans les en-gorgemens des poumons qui ne permettent plus à l'air d'y pénétrer, le sang arrive au cœur sans avoir éprouvé la modification qui le rend propre à animer les organes, toutes les fonctions languissent, l'influence du système nerveux se ralentit, puis s'arrête; le cœur, n'étant plus excité par ce système, suspend ses battemens, et la vie s'éteint pour toujours.

Enfin, lorsque les fonctions de ce dernier viscère sont primitivement anéanties, comme dans les cas où son tissu se déchire, ou, comme dans ceux où le fluide sanguin qui arrive dans ses cavités n'est pas en quantité suffisante, ainsi que cela a lieu à la suite des grandes hémorrhagies, des maladies chroniques avec perte considérable de liquides ou avec lésion profonde de la fonction digestive, qui ne peut alors réparer les pertes de l'organisation, les fonctions encéphaliques cessent, et l'organisme meurt par l'absence de l'excitant naturel qui peut seul en entretenir la vie.

La mort par caducité, qui ne survient qu'après la quatre-vingt-dixième année, et qui même peut n'arriver qu'après cent ans, a toujours une marche lente, comme l'altération des organes qui la produit, et que détermine l'exercice des fonctions vitales. D'abord les appareils sensitifs ne transmettent plus que foiblement les impressions qu'ils reçoivent; privée de ses instrumens, l'intelligence s'obscurcit, les perceptions présentes s'effacent rapidement de la mémoire; l'imagination devient languissante, les rapports extérieurs ne sont plus qu'imparfaitement conçus; les fonctions d'expression deviennent moins actives; et, par la diminution de l'exhalation de la synovie, par le desséchement des ligamens articulaires, et l'engourdissement des muscles, les mouvemens locomoteurs s'affoiblissent considérablement. Ensuite des transmissions sensitives infidèles, la confusion du présent, qui n'est presque plus perçu, avec le passé, qui vit encore dans le souvenir; un reste d'imagination qui, par l'oubli des rapports des choses, ne s'exerce plus que sur des objets puérils, amènent le délire sénile, et l'homme alors redevient enfant. A ce trouble intellectuel se joint l'affoiblissement toujours croissant de l'organisme; bientôt, par l'atrophie et la perte d'activité vitale qu'éprouve le système nerveux céphalo-rachidien [1], la locomotion n'est plus possible; le cerveau qui ne réagit plus que foiblement sur les fluides qui l'engorgent, amène un sommeil long et profond, et la vie n'est plus, pour ainsi dire, que végétative.

Enfin l'appétit se suspend, la digestion languit,

---

[1] *Anatomie comparée du cerveau*, par le Dr Serres, t. I, p. 101, 122, 162, 163.

puis s'arrête, les absorbans puisent dans le tissu adipeux tout le fluide graisseux qu'il recèle, le corps s'amaigrit, se dessèche; le besoin de respirer n'est plus que foiblement perçu, et la fonction pulmonaire va s'affoiblissant sans cesse. Bientôt le système nerveux cérébro-spinal, que le sang, demeurant veineux, n'excite plus, suspend son influence; les battemens du cœur s'affoiblissent et se ralentissent de plus en plus, enfin ils s'arrêtent et la vie s'évanouit.

Quelle que soit la marche de la mort, qu'elle arrive lentement par caducité, ou par une lésion organique chronique, ou bien qu'elle survienne d'une manière brusque et inopinée par l'effet d'une maladie aiguë, dès que les fonctions se trouvent anéanties sans retour, l'organisation tout entière n'est plus qu'une matière inerte. Les divers tissus conservent encore pendant un temps plus ou moins long et selon la vigueur du sujet, la rapidité plus ou moins considérable de la maladie qui a terminé ses jours, un reste de mouvement vital qui y détermine le développement d'un certain degré de chaleur; les absorptions diverses continuent[1], les muscles se contractent,

---

[1] Ce phénomène est démontré par l'engorgement du système veineux, et la vacuité du système artériel que l'on observe dans toutes les autopsies cadavériques; dans bien des circonstances, cet engorgement a fait croire à des lésions organiques qui n'existoient point réellement pendant la vie.

tout le corps roidit par un dernier effort de la nature, et souvent, par la même cause, des évacuations alvines, des hémorrhagies plus ou moins abondantes ont lieu. Mais peu à peu les oscillations moléculaires s'arrêtent pour toujours, un froid glacial se répand dans tous les organes, le système musculaire tombe dans le relâchement, et notre substance matérielle se trouve sous l'empire des affinités chimiques. Alors, et plus ou moins rapidement selon le degré de la température extérieure, de nouveaux modes d'action s'y établissent; les molécules organiques, qui n'agissoient pendant la vie que sur les élémens qui leur étoient apportés par les vaisseaux sanguins, se combinent entre elles et éprouvent l'action du milieu qui les environne; la putréfaction s'en empare, le corps verdit, bleuit, noircit, exhale une odeur horrible, se change *en une substance qui n'a point de nom*, et enfin, de ses élémens dissociés, dont la plupart sont emportés par les vents[1], il ne reste plus qu'une froide poussière[2]; et c'est à cela que se réduisent, la jeunesse, la beauté, la vigueur du corps, les dignités, les grandeurs, les richesses, et tout ce que l'homme avoit possédé sur la terre.

Mais, après la mort de l'organisation de cet

---

[1] L'oxygène, l'hydrogène, le carbone, l'azote.

[2] Le phosphate calcaire, et les différens sels.

être, ne reste-t-il plus rien de lui ? Que deviennent cette intelligence qui mettoit dans ses mains le sceptre de la nature, cette sensibilité morale qui faisoit le bonheur de ses jours, cette volonté libre qui le rendoit maître de lui-même, cette conscience du bien et du mal qui le dirigeoit dans ses actions ? Tout cela s'évanouit-il avec la vie ? L'homme, en un mot, meurt-il avec ses organes, et son existence se dissipe-t-elle avec son dernier soupir...? Où puiser des lumières sur cette question qui nous importe si fort, qui nous touche si profondément, pour me servir des expressions de Pascal, qu'il faut avoir perdu tout sentiment pour être dans l'indifférence de savoir ce qui en est ? La nature de cet ouvrage ne nous permet pas de recourir aux livres sacrés, et de nous aider, dans cette discussion, des dogmes évangéliques ; les preuves que nous y puiserions, quelque évidentes, quelque incontestables qu'elles fussent, exigeroient à leur tour d'autres démonstrations, ce qui nous entraîneroit hors de nos limites. L'homme seul, qui est l'objet de notre étude, peut donc ici nous éclairer ; ses destinées et ses facultés peuvent seules nous dire s'il survit à sa substance matérielle, ou s'il meurt lorsque les mouvemens vitaux s'y arrêtent pour toujours.

L'homme est né pour la vie sociale, où il a des devoirs à remplir ; il est destiné à connoître les lois morales qui lui tracent ces devoirs, et l'Être tout puissant qui lui dicta ces lois, et les revêtit ainsi de la force qu'elles devoient avoir pour être efficaces (*Prolégomènes*, ch. Ier).

Mais ces lois, qui commandent au cœur tant de douloureux sacrifices, ne font-elles rien espérer au-delà ? Ces devoirs si rigoureux, exactement remplis, resteront-ils sans récompense, et leur violation sans châtiment ? L'homme qui, toujours maître de lui-même, aura su vaincre ses passions, et n'aura jamais dévié du sentier de la justice, ne recevra-t-il point le prix de ses pénibles combats, de ses généreux sacrifices, et se verra-t-il confondu avec celui qui, au mépris de toutes les lois morales, se sera livré à tous ses penchans déréglés?

Si cela est, les devoirs sont des chimères, la vertu n'est qu'un être idéal, le vice n'a point d'existence réelle, l'un et l'autre sont indifférens ; et le *grand Être*, dépouillé d'un de ses plus beaux attributs, la justice, cesse d'être ce qu'il est, le conservateur de l'ordre, ou plutôt n'existe point.

Si l'observation des lois morales, en effet, ne reçoit aucun prix, et si leur infraction n'est frappée d'aucune peine, à quoi bon s'y soumettre, lorsque le bonheur individuel consiste à les violer? A quoi reconnoîtroit-on le vice et la vertu, sans la punition dont l'un est menacé, et la récompense promise à l'autre ? Si les hommes les

distinguent, ils ne le font que par la connois--
sance antérieure des lois morales qui en ont tracé
les caractères ; et ces lois, sans le prix attaché
à leur observation rigoureuse, et le châtiment
qui doit punir leur violation, seroient bientôt
oubliées, et le vice et la vertu se confondroient
dans l'*amour du moi*. Il seroit donc indifférent
alors d'être bon ou méchant, juste ou injuste ;
toutes les idées de devoir, d'ordre, de justice,
d'équité, s'évanouiroient de l'esprit des hommes,
le corps social ne seroit plus qu'anarchie et confusion, ou plutôt n'auroit jamais pu s'établir, et
la mort de l'espèce en auroit été la suite inévitable. Ainsi donc, d'une part, récompense et
châtiment, et de l'autre, vie sociale et existence
de l'espèce humaine, forment deux ordres d'objets tellement unis entre eux que, sans le premier,
l'autre ne sauroit *être*. D'où il suit évidemment
que, par cela seul que l'homme existe, il est
démontré qu'il sera récompensé ou puni.

Comment d'ailleurs, sans la récompense de la
vertu et la punition du vice, concevoir le *grand
Être rémunérateur*? Pourroit-on supposer, sans
renverser toutes les idées humaines, sans se
mettre en opposition avec l'opinion de tous les
siècles, qu'il se montre témoin indifférent des
bonnes et des mauvaises actions, des plus grandes vertus et des crimes les plus horribles, et
qu'il a vu du même œil Titus et Néron, Ra-

vaillac et Henri IV, Robespierre et Louis XVI ?
Que seroit donc cette Intelligence suprême qui,
après avoir donné des lois à la terre, après les
avoir gravées d'une manière ineffaçable dans tous
les cœurs, fermeroit les yeux sur les désordres
comme sur les vertus des hommes, et les lais-
seroit marcher à leur gré, les uns dans le sentier de la justice, les autres dans les voies de
l'iniquité, sans récompenser ni punir ? n'est-il
pas évident qu'une semblable indifférence exclu-
roit toute idée de justice divine, et que si le vice
n'avoit aucune punition à redouter, et la vertu
aucun prix à attendre, Dieu ne seroit point ?

Mais *Dieu est ;* et, par cela seul qu'il existe,
et que les lois morales sont son ouvrage, qu'il
est la justice éternelle, et qu'il ne peut par conséquent fermer les yeux sur le bien et le mal, et
encore moins mettre au même niveau la vertu
avec tous ses devoirs accomplis, et le vice avec
tous ses désordres, il demeure encore évident
que l'une doit s'attendre à une récompense, et
l'autre à une punition.

Mais cette récompense que démontrent et
l'existence de l'espèce humaine, et celle de l'*Être
tout puissant*, ce prix de la vertu, quelle qu'en
soit la nature, le reçoit-on sur cette terre ? Et le
méchant y est-il toujours puni ? L'observation
du corps social va nous l'apprendre.

Si l'on considère sans prévention cet ensemble

d'individus qui le forment, il est aisé de voir qu'en général ce n'est point la vertu qui est le plus honorée; que l'éclat des dignités, des honneurs, des richesses, éblouissent tous les yeux, excitent tous les désirs; que souvent le vice, toujours audacieux, en est comblé, tandis que la vertu, ordinairement timide, se trouve dédaignée, méprisée, quelquefois même persécutée; que les crimes demeurent souvent impunis, que souvent aussi, l'innocent souffre ou périt à la place du coupable. Les lois de l'équité sont donc ici évidemment violées; et s'il n'y a pas réparation dans une autre vie, la puissance rémunératrice n'existe point, ou doit être accusée d'injustice.

Dira-t-on que l'homme vertueux trouve sa récompense dans la paix de son âme, dans le plaisir de faire le bien? Cette paix, ce plaisir dont il jouit, sont bien doux sans doute; mais de bonne foi, sont-ils proportionnés à ses mérites? Et d'ailleurs, combien de fois l'observation des lois morales n'est-elle pas douloureuse? Dans combien de circonstances, soit par l'effet du caractère individuel, soit par la nature des choses, les devoirs qu'elles prescrivent ne causent-ils pas des déchiremens de cœur qui empêchent de sentir les douceurs de la satisfaction de soi-même?

Ajoutons que si la paix de l'âme devoit être

le prix des vertus, égale pour toutes elle ne se trouveroit nullement proportionnée à chacune d'elles ; les combats les plus rudes contre les penchans, les plus douloureux sacrifices, ne seroient point distingués d'une victoire remportée sans efforts, et des privations dont l'âme n'auroit souffert aucune atteinte ; une action héroïque recevroit la même récompense qu'un simple bienfait, et l'homme qui n'auroit que soulagé le malheur se trouveroit au même rang que celui qui auroit exposé ses jours pour son semblable. Remarquez même que, s'il mouroit dans ce grand acte, il ne recevroit point le prix d'un si beau dévouement.

Quant à la punition du vice, dira-t-on qu'il la trouve dans ses remords ? Mais de même que la paix du cœur qui accompagne la vertu n'est point un prix proportionné à son mérite, de même les remords que font naître les actions criminelles ne peuvent en former le juste châtiment. Ils s'affoiblissent d'ailleurs avec l'habitude du crime, qui finit à la longue par en émousser l'aiguillon ; ils perdent encore de leur puissance par l'impiété, dont le vice se nourrit et qui le fortifie dans la voie de ses désordres ; ils changent même de nature selon l'idée que le coupable se fait de ses crimes, et ils se convertissent en un sentiment agréable, s'il transforme ses forfaits en vertus. Ne sait-on pas qu'un conquérant qui a ravagé la terre, se considère comme un héros, et voit dans le sang qu'il a répandu ses plus beaux titres de gloire? Enfin il est évident que si le remords étoit la seule peine du crime, celui qui mourroit au moment où il devient coupable, ou qui s'ôteroit lui-même la vie, échapperoit au châtiment qui lui est réservé.

Il est donc bien démontré, par tout ce que nous avons dit jusqu'ici, que le vice et la vertu attendent, l'un un châtiment, et l'autre une récompense, et que l'on ne reçoit dans cette vie ni cette récompense, ni ce châtiment. D'où il faut nécessairement conclure qu'on les recevra dans une autre, et que, par conséquent, l'homme survit à son organisation. L'examen de ses facultés donnera à cette vérité le dernier degré d'évidence.

L'homme est intelligent; il perçoit, il compare, il juge, il se ressouvient, il imagine, il sent, il exprime ses sentimens et ses pensées, il provoque et dirige ses mouvemens locomoteurs (Voyez les *Prolégomènes*); or, pour tous ces actes, il faut un être immatériel, *un, simple*, c'est-à-dire, sans parties. Mais un être *simple* ne peut se diviser, et la mort est la division, la dissociation, la dispersion des parties du corps qui cesse de vivre; donc l'homme, être purement spirituel, ne peut mourir.

Considérons encore que, comme nous l'avons démontré (*Prolégomènes*, ch. III, art. I, §IV; t. I, p. 170), la mémoire survit au renouvellement de nos élémens encéphaliques, et que, par conséquent, le temps qui détruit tout, n'a sur elle aucun empire. Si donc elle résiste à cet agent modificateur des corps terrestres, elle est donc indestructible par sa nature; et si, pendant cette vie, elle ne subit point le sort des substances matérielles, nul doute qu'elle ne soit point matière, et qu'elle survive à la mort de l'organisation. Mais si la mémoire ne périt point, l'être qui en est doué, dont elle est l'attribut, ne doit point périr non plus, car on ne peut concevoir une faculté isolée de l'être qui la possède; donc enfin cet être est immortel.

Ajoutons que si l'homme devoit cesser d'*être*, ses facultés, son existence, seroient inconcevables. Comment, en effet, pouvant se dissoudre, n'étant pas *un*, pourroit-il penser? Et comment, ne pouvant penser, pourroit-il *être*? D'où il suit incontestablement que par cela seul que l'homme pense, par cela seul qu'il est, il ne peut mourir, et que s'il devoit cesser d'exister il ne pourroit *être*[1]. Opposera-t-on qu'il s'anéantit à

---

[1] S'il devoit *mourir*, il ne seroit pas *un*; s'il n'étoit pas *un*, il ne pourroit *penser*; s'il ne pouvoit *penser*, il ne pourroit *être*; or, il est, donc il *pense*, donc il est *un*, donc il ne doit

la mort du corps sans se diviser? Mais un tel mode de dissolution seroit le plus étonnant des prodiges, et ne pourroit s'opérer que par la volonté du Créateur. Et si l'on soutenoit qu'il en est ainsi, que le *Tout-puissant* réduit au néant notre substance spirituelle à la cessation de la vie, nous demanderions s'il est raisonnable de croire qu'il détruit la plus noble partie de nous-mêmes, ce qui nous constitue, alors qu'il conserve si soigneusement, depuis la création, nos élémens matériels, qui ne s'anéantissent jamais.

Que si l'on dit que notre âme, privée, à la mort, de ses organes, ne peut plus exercer ses facultés, nous opposerons à cette objection des faits évidens qui démontrent que ces instrumens ne sont point essentiels à la pensée. Les méditations profondes, où l'homme s'isole de ce qui l'entoure, où il ne voit, ni n'entend rien de ce qui se passe autour de lui, où ses organes sont pour lui comme s'ils n'étoient pas, et les rêves, où, malgré l'interruption de ses rapports avec eux, sa pensée se montre souvent plus active que dans la veille, prouvent évidemment l'indépendance de ses facultés.

Poussons plus loin notre examen, portons nos

---

point *mourir*. Immortalité, unité, pensée, existence, sont donc dans une dépendance mutuelle, et se nécessitent réciproquement.

regards sur ses idées; considérons la croyance qu'il a de son immortalité, la nature de ses désirs, l'horreur que la mort lui inspire, les sentimens qui naissent dans son âme après une action louable, ou lorsqu'il est devenu criminel, enfin l'acte déplorable où lui-même détruit sa substance matérielle, et nous verrons que tout en lui concourt à démontrer qu'il ne meurt point.

L'homme croit à son immortalité; transmis par la parole de race en race, établi dans tout l'univers, ce dogme du genre humain, qui se trouve en opposition avec la mort de nos organes, dont nous sommes sans cesse les témoins, n'a pu être le produit de l'intelligence humaine. Il a pris évidemment son origine dans les oracles du Créateur. Il est donc une révélation, et, par conséquent, une vérité incontestable, car le mensonge ne peut sortir de la bouche de la Divinité.

Cette vérité révélée s'est tellement identifiée avec notre moral, que, malgré les passions désordonnées qui cherchent à l'obscurcir, elle perce les nuages dont elles enveloppent notre âme, et elle agite notre cœur comme elle frappe notre esprit.

L'homme, en effet, ne vit, ne respire que pour l'éternité. Tout ce qui n'a qu'une courte durée lui répugne; il sent que sa destinée est l'immortalité; et, transportant ce sentiment profond sur tout ce qui l'entoure, entraîné dans tous les actes de sa vie par l'amour de l'*infini*, il se complaît dans tout ce qui lui en offre l'image : c'est pour cela que tout ce qui est grand, au physique comme au moral, le captive; que les événemens, les lieux, les temps éloignés de lui le charment par l'intervalle qui l'en sépare; qu'il brûle de s'illustrer, de posséder une gloire qui éternise son nom et le fasse vivre dans la mémoire des hommes; qu'il élève des monumens pour apprendre aux races futures qu'il a existé; qu'il construit à grands frais des tombeaux pour perpétuer le souvenir des objets qu'il a perdus; qu'il les entoure d'arbres dont les branches pressées en forme de flèche, en même temps qu'elles expriment l'unité de la substance spirituelle, annoncent qu'elle s'est élancée dans le sein de l'éternité. C'est encore pour cela qu'il ne voit le bonheur, comme le malheur, que dans ce qui est durable; que ce qu'il considère comme un bien ou comme un mal, n'est tel à ses yeux que parce que son imagination lui en voile le terme; et que la situation la plus heureuse, comme la plus déplorable, ne seroient, l'une d'aucun charme, et l'autre d'aucune douleur, s'il en voyoit clairement la fin.

Mais il faut bien remarquer que cette durée infinie que l'homme attribue à ce qui l'intéresse d'une manière vive, n'a rapport qu'à ce qui affecte son moral. Jamais une douleur physique ne lui semble éternelle, tandis qu'un chagrin cuisant lui paroît ne devoir jamais finir. Il peut supporter patiemment l'une; l'autre, au contraire, le jette dans le désespoir, et *toujours* et *jamais* sont deux mots qui sans cesse alors sortent de sa bouche. D'où cela vient-il, si ce n'est de ce que l'homme, étant éternel par sa nature, et ayant la conscience intime de son immortalité, considère ce qui survient dans son être comme ne devant point avoir de fin ?

Le sentiment de cette destinée modifie aussi ses désirs d'une manière sensible. C'est lui qui les rend si légers, si variés, si inconstans. L'homme, en effet, désirant, par sa nature, par le sentiment de sa destinée, ce qui ne périt point, un bonheur qui n'ait point de terme, et ne trouvant autour de lui que des objets qui passent, des plaisirs fugitifs, court sans cesse des uns aux autres comme par instinct, espérant toujours de trouver, ce quelque chose d'éternel qui doit fixer son âme, et il consume ainsi sa vie à poursuivre sans relâche un bien qui n'est point ici bas.

Mais ses désirs, toujours ardens, attestent évidemment qu'il a une fin à laquelle il tend sans cesse; et cette fin, qui est le bonheur, il doit nécessairement l'atteindre, car sans cela il désireroit sans but; l'œuvre du Créateur qui a formé son âme seroit inconcevable ; et, tandis que tous les êtres de la nature ont une destinée qu'ils accomplissent, l'homme seul vivroit dans une espérance qui ne se réaliseroit jamais. Or, cet objet pour lequel il soupire sans cesse, il ne peut l'obtenir dans cette vie où c'est en vain qu'il le poursuit. Il lui est donc réservé dans une autre, et voilà comment l'inconstance de son âme pour tout ce qui périt sur cette terre nous démontre que lui-même ne périt point.

Une autre preuve non moins évidente de l'immortalité de l'homme, c'est l'effroi qui le saisit à l'idée seule de la mort, lorsque la vérité d'une autre vie s'est obscurcie dans son âme. Il ne peut alors, en effet, envisager sans un trouble violent, sans une profonde horreur, le terme de sa vie. Mais pourquoi cette vive agitation, ce bouleversement de tout son être, si, simple substance matérielle, il doit finir et se dissoudre comme tous les corps environnans ? La dissolution étant une *nécessité* pour la matière, et une nécessité ne pouvant être un mal, un être matériel ne sauroit s'épouvanter de changer de nature, puisque dans ce changement il ne doit point cesser d'exister. La matière, en effet, en se détruisant ne fait que prendre un nouvel état, une autre manière d'être, et ses élémens ne sont jamais anéantis. Pourquoi donc l'homme, s'il étoit purement matériel, s'alarmeroit-il de la destruction de ses organes? Que lui importeroit de perdre sa nature, sa forme, ses dimensions, etc, alors qu'une autre nature, des formes, des dimensions nouvelles, lui seroient assurées? Un minéral s'inquiète-t-il beaucoup des combinaisons dont il doit bientôt faire partie, et voit-il avec horreur les nouveaux élémens auxquels il doit s'associer? Si donc l'homme, lorsqu'il a oublié ses destinées, ne peut envisager la mort sans frémir, c'est que mourir n'est point dans sa nature, et cela seul démontre qu'il est immortel [1].

Une autre cause qui rend l'idée de la mort insupportable à l'homme, c'est la dissolution des liens qui l'attachent à tout ce qui l'entoure, c'est la douloureuse idée de se séparer pour jamais de tous les objets de ses affections. Mais l'horreur même que cette dissolution lui inspire, et qu'il ne pourroit éprouver s'il étoit un être purement matériel, en prouvant sa nature spirituelle, met par cela même dans tout son jour son immortatalité.

Remarquez sur ce point que l'homme n'envisage la mort avec effroi que lorsque, égaré par ses passions désordonnées, il doute de l'exis-

---

[1] Les animaux ne craignent la mort que par instinct, car ils ignorent ce que c'est que de cesser de vivre (*Voyez* t. I, p. 283.). Cet instinct étoit nécessaire pour la conservation des espèces et des harmonies de la création.

tence d'une autre vie ; et que, dès qu'il est con-
vaincu que tout ne finit point au tombeau, qu'il
reverra dans l'éternité et les objets chéris qu'il a
perdus et ceux qu'il laissera après lui sur la terre,
ramené dès lors dans les voies de la sagesse, sa
destruction physique ne l'épouvante plus, et
souvent même le charme, parce qu'il sait qu'elle
est la condition indispensable d'un bonheur qui
n'aura point de fin.

Mais cette vie sans terme, n'en avons-nous pas
encore une preuve de sentiment évidente dans la
vénération que les morts inspirent à l'homme ?
S'il n'y a en lui que matière, si rien ne survit à
son organisation, à quoi bon l'espèce de culte
qu'il leur rend dans les tombeaux qu'il leur
élève, dans les inscriptions dont il couvre ces
derniers asiles, dans les fleurs dont il les em-
bellit, dans les pleurs dont il les arrose ? Est-ce
à une vile poussière que tout cela s'adresse, et
l'esprit, comme le cœur, ne voient-ils rien au-
delà ? Ici, chacun de nous peut répondre, car
nous avons tous à gémir des rigueurs inévitables
de la mort. Quel est donc celui qui ne se complaît point dans la consolante idée que tout n'est
point fini pour les objets qu'il a perdus, qui ne
pense point, comme par instinct, qu'ils existent
dans une autre vie, et qui n'ait, par inspiration,
l'idée de leur immortalité !

A toutes les preuves que nous venons d'exposer, et qui concourent à démontrer que l'homme ne cesse point d'être après la mort de son organisation, ajoutons celles que nous fournit la conscience. La sensation de plaisir ou de douleur [1] que provoque une action louable ou criminelle, n'a-t-elle pas pour but de nous maintenir dans le sentier de la justice, ou de nous y ramener lorsque nous l'avons abandonné. Or, à quoi bon cet avertissement salutaire, si l'homme devoit cesser d'exister? Pourquoi cette voix divine se feroit-elle entendre au fond de son âme, dans une vie d'un jour? Et puisque, avec la mortalité de l'homme, il n'y auroit ni récompense ni punitions futures, et que, par conséquent, la vertu et le vice seroient indifférens, à quoi bon qu'il fût averti du bien qu'il a fait, et du mal qu'il a pu commettre? Mort et conscience sont donc deux choses incompatibles, et par cela seul que celle-ci existe, il est démontré que l'autre n'*est* point.

Et d'ailleurs quelle est la source de la conscience? Est-elle l'ouvrage de l'homme? Non, puisqu'elle tient à sa nature, et qu'il n'est au pouvoir d'aucun *être* de rien ajouter à ce qu'il est. Or, si la conscience n'appartient point à

---

[1] *Le remords;* mot énergique qui peint vivement le serpent de l'iniquité, qui *mord* le cœur du coupable, qui le mord sans cesse, qui le *remord.*

l'homme, il ne peut l'avoir reçue que du Dieu qui l'a créé, et si le *Tout-puissant* l'en a doué, n'est-ce pas pour lui faire reconnoître à des signes certains le bien qu'il devoit mettre en pratique et le mal qu'il devoit éviter, et le maintenir ainsi dans l'observation des lois qu'il lui a prescrites? Mais ce dessein ne démontre-t-il pas que les actions humaines ne lui sont point indifférentes? Et alors puisqu'il est juste, car sans cet attribut on ne peut le concevoir, n'est-il pas évident qu'il doit récompenser et punir? Or, comme nous l'avons démontré, cette récompense et cette punition ne sont point de cette vie : elles appartiennent donc à une autre, et, par conséquent, l'homme ne meurt point.

Enfin une dernière preuve de son immortalité, c'est la mort même que, dans un égarement funeste, il donne volontairement à son organisation. Donnons, pour plus de clarté, à cette démonstration, la forme syllogistique.

Dans la destruction d'un être quelconque, il y a toujours un *agent destructeur*, isolé de la substance du corps détruit ou n'en faisant point partie, qui la détermine.

L'agent destructeur est évidemment plus puissant que le corps détruit, car sans cela la destruction de ce dernier seroit impossible.

Il suit de là qu'un être quelconque ne peut se détruire lui-même, puisqu'il faudroit, pour qu'il pût opérer sa destruction, 1° qu'il sortît de sa substance, et agît sur ses propres élémens, ce qui est absurde ; et 2° qu'il fût plus puissant que lui-même, ce qui ne l'est pas moins.

Or, dans le suicide, l'agent destructeur est manifeste ; c'est l'être qui commande l'acte destructif, qui en choisit l'heure, le lieu, les moyens, en un mot, qui le dirige.

Mais quel est cet être ?

Le matérialiste dira que c'est l'encéphale, puisque c'est cet appareil nerveux qui préside aux mouvemens volontaires ; et comme la lésion matérielle qui est le résultat de son action détruit tous les rapports organiques, et détermine ainsi la mort de l'encéphale lui-même comme celle de tous les autres organes, il en conclura que tout périt en nous dans le suicide, et que rien n'y survit à notre organisation.

Mais nous répondrons que pour commander et diriger un acte, il faut se *déterminer*, car l'action n'est que l'effet de la détermination ; que pour se *déterminer* il faut *vouloir*, car comment prendre une détermination sans la volonté ? Que pour *vouloir* il faut *juger*, puisque la volonté n'est que le résultat d'un jugement qui la précède ; et enfin que pour *juger* il faut *percevoir* et *comparer*, puisqu'il ne peut y avoir de jugement sans comparaison, ni de comparaison sans perceptions antérieures.

III.   17

Or, l'encéphale ne peut ni *percevoir*, ni *com-parer*, ni *juger;* il ne peut donc ni *vouloir*, ni se *déterminer* (*Prolégomènes*, ch. III); il ne peut donc non plus commander, ni diriger un acte quelconque. Ce n'est donc pas lui qui ordonne et dirige celui du suicide; c'est donc un autre *être*, un *être* plus puissant que lui, et dont il n'est lui-même que l'instrument; et cet *être* est évidemment notre substance spirituelle [1].

Mais l'être spirituel, qui donne la mort à l'or-

---

[1] Un être simplement matériel, comme un minéral, par exemple, ne peut se détruire lui-même, parce qu'il n'y a en lui qu'une seule puissance qui est celle qui détermine son *état*. Le suicide démontre donc deux êtres dans l'homme, l'un qui est la matière organisée, et l'autre, plus puissant, qui peut en opérer la destruction.

Dans les animaux, l'être, quel qu'il soit, qui est uni à la matière, est moins puissant qu'elle, puisqu'il lui est assujetti; voilà pourquoi il n'y a point de suicide chez les brutes. Autre raison : c'est que ces êtres, ne connoissant point les rapports des choses extérieures avec eux, ne peuvent prendre les dé-terminations que cette connoissance provoque chez l'homme, et dont le suicide est souvent le résultat.

La mort volontaire ne s'observe pas non plus chez l'enfant, par les mêmes causes ; d'abord, la raison y étant peu déve-loppée, l'être spirituel y est plus assujetti à la matière que dans l'adulte ; et ensuite il ne ressent pas les passions dés-ordonnées qui provoquent à la destruction de l'organisation.

ganisation à laquelle il est uni, ne peut se détruire lui-même, car il faudroit pour cela, comme nous l'avons vu ci-desus, 1° qu'il sortît de sa substance et agît sur ses propres élémens, et 2° qu'il fût plus puissant que lui-même, ce qui est d'une évidente absurdité ; donc, dans le suicide, la matière organisée est seule atteinte, et l'être spirituel lui survit.

Objectera-t-on que la vie de l'organisation est la condition essentielle de l'existence de cet être, et qu'il se dissout et s'évanouit au moment où elle s'éteint ?

Mais, en premier lieu, toutes les circonstances où il s'isole de ses organes, où il agit par lui-même et sans leur influence, et même contre cette influence, comme dans la réflexion, la méditation profonde, la rêverie, les rêves, le somnambulisme, la volonté et les déterminations opposées aux impulsions organiques, démontrent incontestablement qu'il vit à part, que son existence est entièrement indépendante de celle de son organisme, et que la destruction de sa substance matérielle ne fait que lui ravir, sur cette terre, ses moyens de manifestation.

En second lieu, l'être qui *pense* en nous, qui *sent*, qui exprime ce qu'il *sent* et ce qu'il *pense*, qui *veut*, qui se *détermine* librement, et dont nous avons démontré l'existence et l'*unité* dans nos *Prolégomènes* , ne peut se dissoudre , car la dissolution d'un corps n'est que la division , la séparation des parties qui le composent , et l'*être intelligent* est *simple* (*Prolégomènes* , ch. III) : donc la destruction de l'organisation à laquelle il est uni ne peut entraîner la sienne ; donc il survit à cette organisation.

Ces considérations mettent dans tout son jour l'erreur déplorable des infortunés qui pensent cesser d'exister en donnant la mort à leur substance matérielle. Hélas ! n'ayant point assez réfléchi sur la nature de leur être , ignorant qu'ils sont *une intelligence servie par des organes* , et confondant cette intelligence avec l'organisation à laquelle elle est unie , ils croient pouvoir l'anéantir parce qu'ils sont maîtres de ses instrumens ; ils ne pensent pas qu'ils ne font que détruire les rapports réciproques de l'être spirituel et de la matière , et que le pouvoir même qu'ils ont de faire périr celle-ci , par cela seul qu'il démontre en eux l'existence de deux êtres , prouve évidemment que celui qui détruit ne peut mourir.

Il est donc incontestable , d'après les preuves que nous avons déduites , dans ce chapitre , des destinées et des facultés de l'homme , que cet être ne meurt point avec ses organes ; que lorsque ces instrumens matériels ne peuvent plus le servir , que leurs rapports mutuels sont détruits , qu'ils *meurent*, il s'en sépare, pour aller recevoir, dans une autre vie, la punition de ses infractions aux lois divines, ou la récompense de ses vertus.

FIN DU TROISIÈME ET DERNIER VOLUME.

TABLE DES MATIÈRES

DU TOME TROISIÈME.

DEUXIÈME PARTIE.

FONCTIONS QUI CONCOURENT A L'ENTRETIEN ET A LA REPRO-
DUCTION DE L'ORGANISATION DE L'HOMME.

LIVRE PREMIER.

CHAPITRE CINQUIÈME.

CHAPITRE SIXIÈME.

CHAPITRE SEPTIÈME.

LIVRE DEUXIÈME.

CHAPITRE PREMIER.

CHAPITRE DEUXIÈME.

CHAPITRE TROISIÈME.

CHAPITRE QUATRIÈME.

CHAPITRE CINQUIÈME.

FIN.

FIN DE LA TABLE DU TROISIÈME ET DERNIER VOLUME.

ERRATA.

PREMIER VOLUME.

Pag. 156, ligne 6, après le mot exercer, *ajoutez :* ce ne peut être
sans doute avant de faire partie de notre organisation , car nous
savons bien que nos élémens matériels qui sont encore hors de
nous , ne jugent point.

Pag. 173, ligne 9; rapport , *lisez* : rappel.

Pag. 241, lig. 3 ; matière , *lisez* : nature.

Pag. 245, dernière ligne ; les, *lisez :* le.

Pag. 255, note, ligne 17 ; nerveux, *lisez :* moraux.

Pag. 271, ligne 11 , *ajoutez :* n'empruntant rien au-dehors , toutes
leurs conceptions ne sont que relatives à l'entretien de leurs
organes , ou à leur reproduction. Se nourrir et se multiplier ,
voilà leur existence ; tout en eux est subordonné à cette fin.

DEUXIÈME VOLUME.

Pag. 8, ligne 17 ; sans mouvement, *lisez :* sans cette communication.

Pag. 36, ligne 20 ; trop réfringentes , *lisez :* trop peu réfringentes.

Pag. 68, ligne 18 ; d'agréables, *lisez :* de désagréables.

Pag. 84, ligne 27 ; qui cause, *lisez :* que cause.

Pag. 124, ligne 7 ; après le mot fluide , *ajoutez ;* lumineux.

Pag. 142, ligne première ; ferment ; *lisez :* forment.

Pag. 175, ligne dernière ; dans, *lisez :* par.

Pag. 178, ligne 17; lègue, *lisez :* légua.

Pag. 272, ligne 3 ; sont , *lisez :* ont.

Pag. 305, ligne 12 ; impression, *lisez :* inspiration.

Pag. 329, note, ligne 4 ; ils ne peuvent, *lisez :* il ne peut.

Pag. 366, ligne 12 ; qui, *lisez :* que.